高等职业教育建筑设计类专业系列教材

建筑装饰 CAD 实例教程及上机指导

主　编　伍乐生

副主编　刘建锋

参　编　陈海杰　林淑云　王小霞

　　　　欧亚利　杨智强　李奕佳

U0377483

机械工业出版社

本书讲述了 AutoCAD 的基础知识及使用方法，讲解了运用 AutoCAD 绘制建筑装饰各类图的方法和技巧，结合作者多年的实践经验，介绍了专业人员需要掌握的技巧，帮助读者循序渐进地学会如何将 AutoCAD 应用于建筑装饰绘图。

本书分为上、下两篇，共 20 章，上篇(第 1 章至第 10 章)介绍了 AutoCAD 绘图基础及在建筑装饰绘图的典型应用，下篇(第 11 章至第 20 章)介绍了 AutoCAD 二维及三维建筑装饰绘图的综合应用，讲解了建筑装饰常用各类图样的绘制方法。

本书可作为建筑设计、建筑装饰、室内设计、环境艺术设计、园林工程、工程造价、房地产、工程监理及相关领域的工程技术人员和设计人员用书，也可作为 AutoCAD 初学者的自学教材及大专院校、培训中心 AutoCAD 课程的培训教材。

图书在版编目(CIP)数据

建筑装饰 CAD 实例教程及上机指导/伍乐生主编. 一北京:机械工业出版社,2008.3(2022.9重印)

高等职业教育建筑设计类专业系列教材

ISBN 978-7-111-23485-2

Ⅰ.建… Ⅱ.伍… Ⅲ.建筑装饰—建筑制图—计算机辅助设计—应用软件，AutoCAD 2007—高等学校:技术学校—教材 Ⅳ. TU238—39

中国版本图书馆 CIP 数据核字(2008)第 020029 号

机械工业出版社(北京市百万庄大街 22 号 邮政编码 100037)
策划编辑:李俊玲
责任编辑:王靖辉 版式设计:霍永明 责任校对:陈延翔
封面设计:饶 薇 责任印制:张 博
北京建宏印刷有限公司印刷
2022 年 9 月第 1 版第 18 次印刷
184mm×260mm · 17.5 印张 · 443 千字
标准书号:ISBN 978-7-111-23485-2
定价:43.00 元

电话服务
客服电话:010-88361066
　　　　　010-88379833
　　　　　010-68326294
封底无防伪标均为盗版

网络服务
机 工 官 网:www.cmpbook.com
机 工 官 博:weibo. com/cmp1952
金 书 网:www.golden-book.com
机工教育服务网:www.cmpedu.com

前 言

AutoCAD 是 Autodesk 公司开发的通用计算机辅助绘图和设计软件，被广泛应用于机械、建筑、电子、航天、造船、石油化工、土木工程、冶金、气象、纺织、轻工等领域。作为工程设计领域应用最为广泛的计算机辅助设计软件之一，AutoCAD 具有强大的辅助绘图功能，但由于各行业有不同的标准及规定，从而带来不同的绘图习惯及特点。本书以 AutoCAD 基本使用方法与行业案例相结合为出发点，针对建筑装饰行业应用而编写，以达到使读者能够使用 AutoCAD 实现行业应用的目的。

本书是一本介绍 AutoCAD 2007 在建筑及装饰绘图应用的教材，结合丰富的行业案例详尽地介绍了 AutoCAD 2007 的使用方法和技巧。本书分上、下两篇，上篇介绍了 AutoCAD 2007 的基本使用方法，下篇以全套专业图样为案例，讲解了 AutoCAD 2007 的行业应用，使读者通过上、下篇循序渐进的学习和训练，熟练掌握 AutoCAD 在建筑装饰行业的绘图应用。

考虑到高职院校的特点，本书突出实例的讲解及练习的配置，并针对建筑及装饰行业应用作了详尽的专业案例示范，专业性、实用性、指导性强，可作为建筑设计、建筑装饰、室内设计、环境艺术设计、园林工程、工程造价、房地产、工程监理及相关领域的工程技术人员和设计人员用书，也可作为 AutoCAD 初学者的自学教材及大专院校、培训中心 AutoCAD 课程的培训教材。

本书主要包括以下特点：

1）内容详实，实例丰富，专业性、实用性、指导性强。

2）实例紧跟知识讲解，采用边讲解边举例的教学方式。

3）由点到面，由局部到整体，从局部操作到综合绘图。

为方便授课及读者学习，本书提供了部分实例的 CAD 图，供教学使用，选用本书作为教材的老师可登录 www.cmpedu.com 注册下载。

本书由多年从事高校 AutoCAD 教学的专职教师编写，并得到多家设计单位及设计人员的支持。本书由漳州职业技术学院伍乐生任主编，浙江建设职业技术学院刘建锋任副主编，其中第 1 章、第 2 章、第 7 章、第 8 章、第 9 章、第 10 章由伍乐生编写，第 3 章、第 4 章由陈海杰编写，第 5 章、第 6 章由刘建锋编写，第 11 章～第 20 章由伍乐生、刘建锋、欧亚利、王小霞、林淑云、杨智强、李奕佳共同编写。

由于时间仓促，书中难免存在疏漏之处，恳请读者不吝指正。

编者

目　录

第1章 AutoCAD 基础知识与基本操作

课前导读

【概述】		AutoCAD 是工程设计领域中应用最为广泛的计算机辅助绘图与设计软件之一。本章主要介绍 AutoCAD 的基本功能、界面和基本操作以及坐标系统及其使用方法。			
【技能要求】		✓ 熟悉 AutoCAD 的界面及其各组成部分的功能 ✓ 熟悉 AutoCAD 的基本操作方法 ✓ 能熟练的运用坐标命令完成基本图形			
【学习内容】	课堂讲解	【知识点】	基础	重点	难点
		1.1 AutoCAD 的基本功能与界面	☑		
		1.2 AutoCAD 的基本操作	☑		
		1.3 AutoCAD 中的坐标		☑	☑
	操作实例	实例1 查看总平图 实例2 绘制 A3 图框			
	上机训练	上机1 熟悉界面 上机2 利用坐标输入法画图 上机3 建筑轮廓图的绘制			
	理论复习题	选择题 问答题			

课堂讲解

1.1 AutoCAD 的基本功能与界面

1.1.1 AutoCAD 的基本功能

AutoCAD 是工程设计领域中应用最为广泛的计算机辅助绘图与设计软件之一，不仅具有强大的二维和三维图形绘制和编辑功能，而且还提供了方便的二次开发手段，可以针对各行业的专业应用开发相应的模块。自 1982 年问世以来，已经经历了十余次升级，其每一次升级，在功能上都得到了增强，且日趋完善。

在本书中我们将主要学习 AutoCAD 在建筑装饰及环境艺术、家具等行业的应用，通过学习，我们将掌握 AutoCAD 的以下功能：

✓ 绘制与编辑图形

✓ 标注图形尺寸

　　✓　输出与打印图形
　　✓　绘制简单的三维图形

1.1.2　AutoCAD 2007 的界面

　　AutoCAD 2007 中文版为用户提供了"AutoCAD 经典"和"三维建模"两种工作空间模式。首次打开 AutoCAD 时，会出现如图 1-1 所示的提示界面，此时用户可选择工作空间和熟悉新功能，若勾选"不再显示此消息"，则下次打开 AutoCAD 时不会再次显示提示界面。

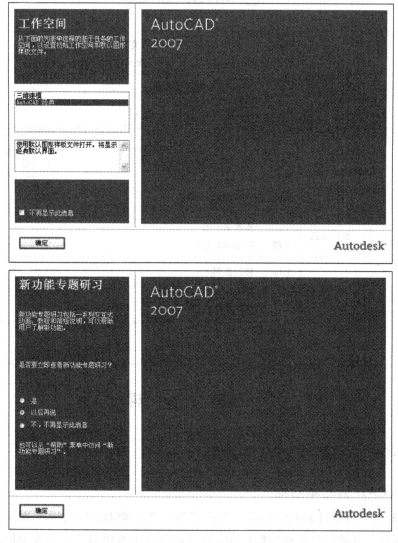

图 1-1　提示界面

1. AutoCAD 2007 的经典界面

　　对于习惯 AutoCAD 传统界面的用户来说，可以采用"AutoCAD 经典"工作空间。界面主要由标题栏、菜单栏、工具栏、绘图窗口、"模型"和"布局"选项卡命令行与文本窗口、状态行等元素组成，如图 1-2 所示。

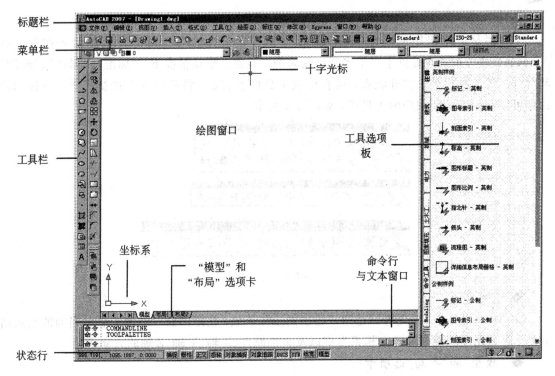

标题栏
菜单栏
十字光标
绘图窗口
工具选项板
工具栏
坐标系
"模型"和"布局"选项卡
命令行与文本窗口
状态行

图 1-2　"AutoCAD 经典"工作空间界面

◆ 标题栏

标题栏位于应用程序窗口的最上面，用于显示当前正在运行的程序名及文件名等信息，如果是 AutoCAD 默认的图形文件，其名称为 DrawingN.dwg（N 是数字）。

◆ 菜单栏

菜单栏几乎包括了 AutoCAD 中全部的功能和命令，如图 1-3 所示。

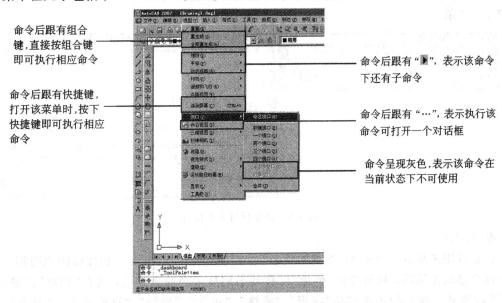

命令后跟有组合键，直接按组合键即可执行相应命令

命令后跟有快捷键，打开该菜单时，按下快捷键即可执行相应命令

命令后跟有"▶"，表示该命令下还有子命令

命令后跟有"…"，表示执行该命令可打开一个对话框

命令呈现灰色，表示该命令在当前状态下不可使用

图 1-3　菜单栏

◆ 工具栏

工具栏是应用程序调用命令的另一种方式，它包含许多由图标表示的命令按钮。在 AutoCAD 中，系统共提供了二十多个已命名的工具栏。默认情况下，"标准"、"属性"、"绘图"和"修改"等工具栏处于打开状态，可在任意工具栏上右击，将弹出一个快捷菜单，通过选择命令可以显示或关闭相应的工具栏，如图 1-4 所示。

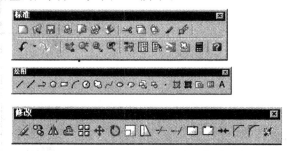

图 1-4　工具栏

◆ 绘图窗口

在 AutoCAD 中，绘图窗口是用户绘图的工作区域，在绘图窗口中除了显示当前的绘图结果外，还显示了当前使用的坐标系类型以及坐标原点、X 轴、Y 轴、Z 轴的方向等。

◆ "模型"和"布局"选项卡

绘图窗口的下方有"模型"和"布局"选项卡，单击其标签可以在模型空间或图样空间之间来回切换。

◆ 命令行与文本窗口

"命令行"窗口位于绘图窗口的底部，用于接收用户输入的命令，并显示 AutoCAD 的提示信息，实现人机对话。按 F2 键(或选择"视图"→"显示"→"文本窗口")可以打开"AutoCAD 文本窗口"，它记录了 AutoCAD 已执行命令，也可以用来输入新命令，是放大的"命令行"窗口，如图 1-5 所示。

图 1-5　命令行与文本窗口

◆ 状态行

状态行用来显示 AutoCAD 当前的状态，如当前光标的坐标、命令和按钮的说明等。在绘图窗口中移动光标时，状态行的"坐标"区将动态地显示当前坐标值，共有"相对"、"绝对"和"无"3 种模式。状态行中还包括"捕捉"、"栅格"、"正交"、"极轴"、"对象捕捉"、"对象追踪"、"DUCS"、"DYN"、"线宽"、"模型"(或"图样")等功能按钮，如图 1-6 所示。

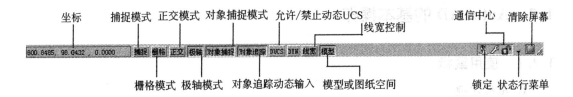

图 1-6　状态行

2. AutoCAD 2007 的三维建模界面

在 AutoCAD 2007 中，选择"工具"→"工作空间"→"三维建模"命令，或在"工作空间"工具栏的下拉列表框中选择"三维建模"选项，都可以快速切换到"三维建模"工作空间界面，如图 1-7 所示。

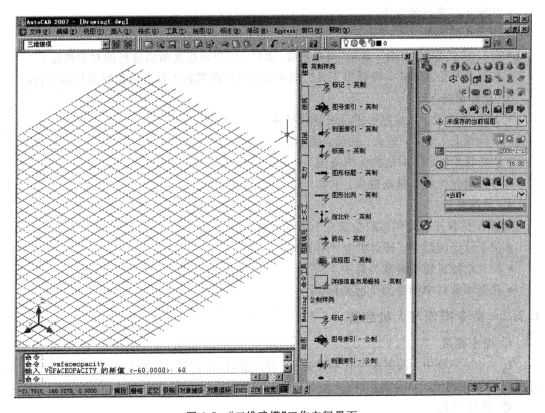

图 1-7　"三维建模"工作空间界面

"三维建模"工作界面对于用户在三维空间中绘制图形来说更加方便。默认情况下，"栅格"以网格的形式显示，增加了绘图的三维空间感。另外，"面板"选项卡集成了"三维制作控制台"、"三维导航控制台"、"光源控制台"、"视觉样式控制台"和"材质控制台"等选项组，从而使用户绘制三维图形、观察图形、创建动画、设置光源、为三维对象附加材质提供了非常便利的环境。

1.2 AutoCAD 的基本操作

1.2.1 使用鼠标

1. 鼠标左键

可用于：

- 指定位置。
- 指定编辑对象。
- 选择菜单选项、对话框按钮和字段。

2. 鼠标右键

可用于：

- 结束正在进行的命令。
- 显示快捷菜单。
- 与 Ctrl 或 Shift 配合，显示"对象捕捉"菜单，用户可在此激活选择的对象捕捉。
- 在工具栏位置单击，将弹出工具栏列表，用户可在列表上单击以控制其显示与否。

3. 鼠标滑轮

可以转动或按下，对图形进行缩放和平移。

- 转动滑轮：向前，放大；向后，缩小。
- 双击滑轮按钮：缩放到图形范围。
- 按住滑轮按钮并拖动鼠标：平移。

4. 屏幕指针

屏幕指针位于不同区域时会表现为不同形状。

- 位于绘图区域中，其形状为十字光标。
- 不在绘图区域中将变为箭头。
- 在文本窗口中则变为 I 型光标。

1.2.2 命令操作与人机应答

1. 命令调用

在 AutoCAD 中，调用命令有多种途径：菜单选择、工具栏、命令行输入命令等，在本书中将用以下方式列出，如绘制直线：

◆ 调用方式

	菜单栏：	"绘图"→"直线"
	工具栏：	"绘图"→
	命令行：	LINE(L)

✐注：在 AutoCAD 中，有些命令可以用简化的键盘命令来加快操作，在完整命令后用加括号的字母来表示，如：LINE(L)。

◆ 应答界面

启动命令后，在命令窗口中将显示相应状态信息，并要求用户给出一定的回应，用户的响应结果(如用鼠标指定点、选择对象或选择选项等)也会在命令窗口中显示出来,这个过程称为"人机应答"。

　　注:本书将命令窗口的内容记录在左边,右边对其作注释,如:调用直线命令后人机应答过程如下:

命令:_line指定第一点:	启动命令,指定第一点(鼠标点选或输入坐标)
指定下一点或[放弃(U)]:	输入第二点,确定一条线段
指定下一点或[闭合(C)/放弃(U)]:	输入第三点,与第二点确定出第二条线段
…	继续指定点,直至回车或按 Esc 键结束命令

◆ 命令说明

　　一个命令可以有多种灵活的分支操作,在AutoCAD中用中括号表示,并在中文单词后标示一个英文字母,键入该字母即可调用该选项,如调用直线命令后有如下选项:

- 放弃[U]:删除直线序列中最近绘制的线段,退回到上一个点的位置。
- 闭合[C]:将最后绘制的点连接到第一条线段的起始点,形成一个闭合的线段环。

2. 中止命令

通过按 Esc 键可以取消未完成的命令,有些具有多层选项的命令要连续按两次或三次 Esc 键才能退出该命令,返回到命令等待状态。

3. 放弃/重做

单击"标准"工具栏上的"放弃"/"重做"按钮 / 可以撤销已执行的操作;也可用快捷键 Ctrl + Z / Ctrl + Y 来操作。

1.2.3　图形显示控制

　　AutoCAD可以绘制大小不限的各种图形,在屏幕上观察及灵活控制总体或各细部的显示是必须首先熟悉的基础操作。用户可以缩放视图或平移视图以重新确定图形在屏幕上的显示。AutoCAD工具栏上的常用图形显示控制按钮可以让用户方便直观地控制图形显示,如图1-8所示。

图1-8　常用图形显示控制按钮

常用的图形显示控制操作可分为缩放和平移两类。

1. 缩放

　　对视图进行缩放,不改变图形中对象的绝对大小。AutoCAD提供了非常丰富灵活的缩放控制方法,常用的方法有实时缩放和窗口缩放。

◆ 调用方式

	菜单栏:	"视图"→"缩放"(图1-9)
	工具栏:	
	命令行:	Zoom(Z)

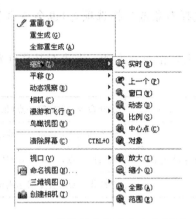

图1-9 菜单栏中缩放命令的调用

◆ 常用的基本方法

• 实时缩放：调用这种方法时，单击鼠标左键向上或向下拖放可进行动态缩放，而若是三键鼠标，无须调用缩放命令直接滚动鼠标中键即可便捷地实现此功能。

• 窗口缩放：调用这种方法时，单击鼠标左键进行拖放，指定一个矩形区域，可将矩形区域内图形缩放到整个视图区，如图1-10所示。

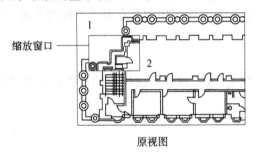

缩放窗口

原视图

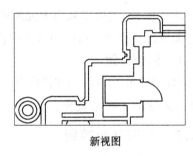

新视图

图1-10 缩放指定的矩形区域

2. 平移

当目标图形不在视图区中或在视图区角落不利于观察时，可通过上下左右平移视图以重新确定其在绘图区域中的位置，不会更改图形中对象在图样中的实际位置。

◆ 调用方法

🖱	菜单栏：	"视图"→"平移"（图1-11）
🖱	工具栏：	🖐
⌨	命令行：	Pan(P)

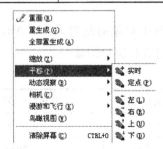

图1-11 菜单栏中平移命令的调用

◥注：可以按 ENTER 键或 Esc 键，随时停止缩放或平移。

1.3　AutoCAD 中的坐标

AutoCAD 绘图时很多命令需要指定点的位置，当 AutoCAD 命令提示输入点时，可以使用鼠标等定点设备指定点，也可以通过键盘提供坐标值来指定点。

1.3.1　AutoCAD 中的坐标分类及表达方法

AutoCAD 中的坐标按坐标定义方法，可以分为笛卡儿坐标系（直角坐标系）和极坐标系，如图 1-12 所示。

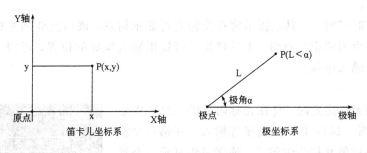

图 1-12　坐标分类

若按与参照点的关系，坐标可以分为绝对坐标和相对坐标，其表达方法的示例和解释见表 1-1。

表 1-1　坐标系中绝对坐标和相对坐标的表达示例和解释

分类		表达示例	解释
笛卡儿坐标系（直角坐标系）(X, Y)	绝对坐标	5，10	X 轴方向距离坐标原点在正方向上 5 个单位，Y 轴方向距离坐标原点在正方向上 10 个单位，坐标原点为 (0, 0)
	相对坐标	@3，−4	X 坐标上距离上一点在正方向上 3 个单位，Y 坐标上距离上一点在负方向上 4 个单位
极坐标系 $(\rho \angle \theta)$	绝对坐标	3<45	距离原点长度为 3 个单位，并且与 X 轴成 45 度角
	相对坐标	@1<45	距离上一指定点长度为 1 个单位，并且与 X 轴成 45 度角

1.3.2　在状态栏中显示坐标

移动鼠标时会发现状态栏坐标区中的数字有所变化，这些数字表示屏幕上十字光标的精确位置或坐标，在状态栏坐标区中单击可以切换三种坐标显示状态，如图 1-13 所示。

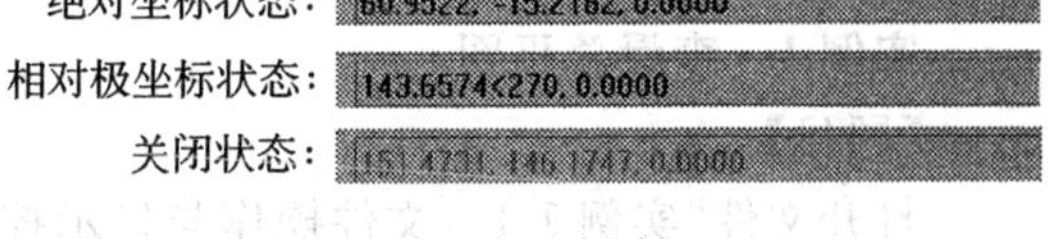

绝对坐标状态：60.9522, -15.2182, 0.0000

相对极坐标状态：143.6574<270, 0.0000

关闭状态：151.4731, 146.1747, 0.0000

图 1-13　状态栏中坐标显示状态

● 模式 1 "动态显示绝对坐标"：默认情况下，该显示方式是打开的。

● 模式 2 "动态显示相对极坐标"：如果当前处在拾取点状态，系统将显示光标所在位置相对于上一个点的距离和角度。当离开拾取点状态时，系统将恢复到模式 1。

● 模式 0 "关"：坐标区灰色显示，不能动态更新。坐标区内灰色数字为上一个拾取点的绝对坐标,仅当在屏幕指定点时才更新。

1.3.3 坐标输入方法

AutoCAD中坐标输入方法包括:命令行输入、直接距离输入、动态输入等。

1. 命令行输入

在命令行中根据需要选择合适的坐标类别,按其表示方法输入坐标。

2. 直接距离输入

输入相对极坐标的另一种方法是:通过移动光标指定方向,然后在键盘中直接输入距离,即通过方向和距离两个要素确定第二个点,称为直接距离输入。

☞注:这种方法通过鼠标与键盘的配合,效率高,绘图时经常使用。

3. 动态输入

启用"动态输入"时,工具栏提示将在光标附近显示信息,该信息会随光标的移动而动态更新。当某条命令需要指定点时,工具栏提示将提供输入坐标的位置,可用指针输入和标注输入两种方式来输入坐标。

● 指针输入

当有命令需要指定点时,将在光标附近的工具栏中显示为坐标提示(图1-14),并可接受坐标输入。在第一个输入字段中输入坐标值并按 TAB 键后,该字段将显示一个锁定图标,随后可以在第二个输入字段中输入值。如果用户输入第一个字段值后按 ENTER 键,则第二个输入字段将被忽略,且该值将被视为直接距离。

图1-14 指针输入

☞注:这种方法第二个点及后续点的默认设置为相对极坐标,不需要输入 @ 符号。如果需要使用绝对坐标,可使用井号(#)前缀。

● 标注输入

当命令提示输入第二点时,跟随光标的提示工具栏将显示距离和角度值(图1-15),此时可在此输入距离

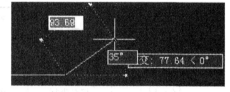

图1-15 标注输入

和角度值。在工具栏提示中的值将随光标的移动而改变,按 TAB 键可移动到要更改的值。

🏳 操作实例

实例1 查看总平图

【题目】

打开文件"实例1-1 文件操作与显示控制.dwg",使用图形显示与控制将图形最大化显示;通过缩放、平移找到主入口并最大化显示;将文件另存为"总平图主入口.dwg"。

【操作步骤】

Step 1. 打开"实例1-1文件操作与显示控制.dwg"文件,观察屏幕显示内容,屏幕将显示上一次保存文件时的最后显示状态,如图1-16所示。

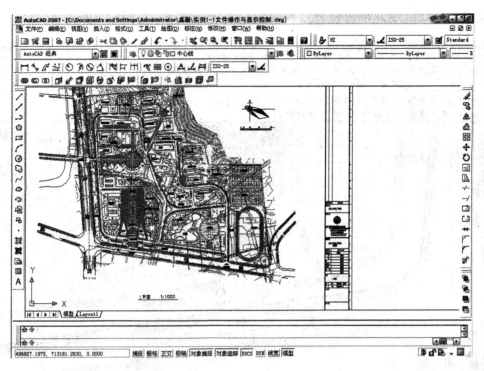

图 1-16　打开文件时显示上一次保存的最后显示状态

Step 2. 选择菜单栏中的"视图"→"缩放"→"全部"，将图形全部显示，如图 1-17 所示。

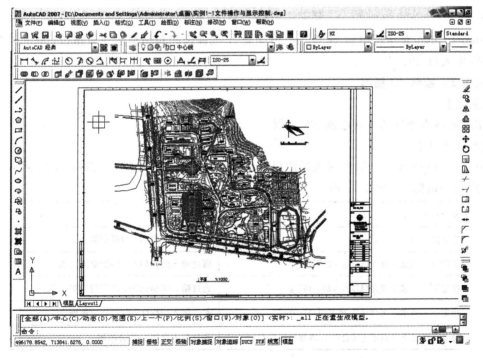

图 1-17　图形的全部显示

Step 3. 使用工具栏中的 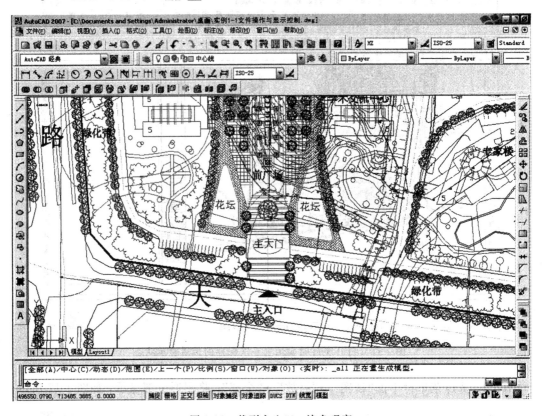、 ，找到主入口，放大观察，如图1-18所示。

图1-18　找到主入口，放大观察

Step 4. 单击菜单栏中的"文件"→"另存为"，在弹出的对话框选择原路径，将文件另存为"总平图主入口.dwg"。

实例2　绘制A3图框

【题目】

用输入各点坐标的方法绘制A3图框。

【操作步骤】

Step 1. 打开AutoCAD，进入绘图界面，执行"直线"命令，用输入各点坐标的方法绘制A3图纸的外边框，如图1-19所示。

命令：_line ↙	执行画线命令
指定第一点：0, 0 ↙	通过输入坐标(0,0)指定第一点
指定下一点或［放弃(U)］：420, 0 ↙	通过输入坐标(420,0)指定第二点
指定下一点或［放弃(U)］：420, 297 ↙	通过输入坐标(420,297)指定第三点
指定下一点或［闭合(C)/放弃(U)］：0, 297 ↙	通过输入坐标(0,297)指定第四点
命令：指定下一点或［闭合(C)/放弃(U)］：C ↙	通过输入选项C闭合图形

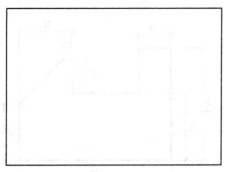

图 1-19　绘制 A3 图纸的外边框

Step 2. 再次执行"直线"命令，绘制 A3 图纸的内边框，如图 1-20 所示。

命令：_line ✓	执行画线命令
指定第一点：25，5 ✓	通过输入坐标(25，5)指定第一点
指定下一点或［放弃(U)］：25，390 ✓	通过输入坐标(25，390)指定第二点
指定下一点或［放弃(U)］：390，287 ✓	通过输入坐标(390，287)指定第三点
指定下一点或［闭合(C)/放弃(U)］：25，287 ✓	通过输入坐标(25，287)指定第四点
指定下一点或［闭合(C)/放弃(U)］：C ✓	通过输入选项 C 闭合图形

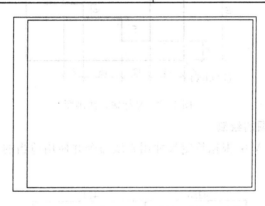

图 1-20　绘制 A3 图纸的内边框

Step 3. 单击"标准"工具栏中的 ▦ 按钮，保存文件。

⼂ 上机训练

上机 1　熟悉界面

【题目】

打开 AutoCAD，熟悉界面的各部分功能；将界面按各组成部分绘制在作业纸上，并标出其各部分功能。

上机 2　利用坐标输入法画图

【题目】

打开 AutoCAD，根据给定尺寸用直线命令并使用适当的坐标输入方法，画出如图 1-21 所示的图形。

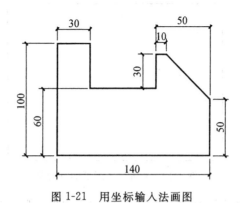

图 1-21　用坐标输入法画图

　　打开 AutoCAD，根据给定尺寸用直线命令并使用适当的坐标输入方法，画出如图 1-22 所示的图形。

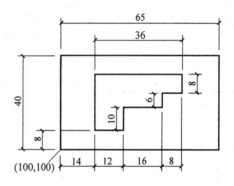

图 1-22　坐标输入法画图

上机 3　建筑轮廓图的绘制

【题目】打开 AutoCAD，根据给定尺寸用直线命令并使用适当的坐标输入方法，画出如图 1-23 所示的建筑轮廓图。

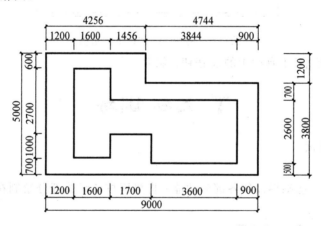

图 1-23　根据给定尺寸画图

理论复习题

【选择题】

1. AutoCAD 2007，默认打开的工具栏有（　　　）。

A. "标准"工具栏

B. "绘制"工具栏

C. "修改"工具栏

D. "对象特点"工具栏

E. "绘图次序"工具栏

2. 调用 AutoCAD 命令的方法有（　　　）。

A. 在命令窗口输入命令名

B. 在命令窗口输入命令缩写字

C. 拾取下拉菜单中的菜单选项

D. 拾取工具栏中的对应图标

【问答题】

1. AutoCAD 用户界面主要由哪几部分组成？

2. 绘制窗口包含哪几种作图环境？如何在它们之间切换？

3. 可利用哪些方法启动 AutoCAD 命令？

4. 怎样快速执行上一个命令？

5. 如何取消正在执行的命令？

6. 如果用户想了解命令执行的详细过程，应怎么办？

7. "标准"工具条上的哪些按钮可以用来快速缩放及移动图形？

第2章　辅助工具的使用

 课前导读

【概述】	手工绘图不但需要借助丁字尺和三角板在图板上进行，往往还需要通过绘制辅助线或借助其他各种几何作图方法来完成图形的绘制；在 AutoCAD 中，几何图形的各种特征点可以由计算机计算得到，从而可以提供各种自动化程度很高的辅助绘图手段，实现绘图的准确便捷，大大减轻了绘图人员几何作图定点的工作量			
【技能要求】	∨　能熟练运用栅格与捕捉进行布图 ∨　能熟练运用正交与极轴进行自动追踪，并将光标控制在指定方向 ∨　能熟练运用对象捕捉和自动追踪实现准确定点 ∨　了解动态输入方法			

【学习内容】	课堂讲解	【知识点】	基础	重点	难点
		2.1　栅格与捕捉	☑		
		2.2　正交与极轴追踪	☑		
		2.3　对象捕捉	☑	☑	
		2.4　自动追踪	☑	☑	☑
		2.5　动态输入	☑		
	操作实例	实例1　绘制楼梯侧面图 实例2　绘制别墅立面图			
	上机训练	上机1　基础轮廓的绘制 上机2　风机连体杆的绘制 上机3　楼梯侧面图的绘制 上机4　踢脚线轮廓图的绘制 上机5　建筑平面图的绘制 上机6　软坐垫的绘制			
	理论复习题	选择题 问答题			

课堂讲解

2.1　栅格与捕捉

2.1.1　概念

在 AutoCAD 中，提供了类似坐标纸的功能，限制或锁定光标移动以便快速定位，这就是"捕捉"和"栅格"功能。

2.1.2 调用方式

▭	菜单栏	"工具"→"草图设置"→"捕捉和栅格"选项
🖰	状态栏	单击"捕捉"和"栅格"按钮，可切换其启用与关闭状态(图2-1)
⌨	命令行	GRID（栅格），SNAP（捕捉）
⚡	快捷键:	按 F7 打开或关闭栅格，按 F9 打开或关闭捕捉

图 2-1　状态栏中栅格与捕捉的调用

2.1.3 界面

栅格与捕捉的界面如图 2-2 所示。

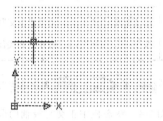

图 2-2　栅格与捕捉的界面

栅格是点的矩阵，遍布指定为栅格界限的整个区域，其功能类似于在图形下放置一张坐标纸。栅格显示仅用于视觉参考，它既不会被打印出来，也不是图形的一部分。

捕捉模式用于限制十字光标，捕捉打开时光标只能按照用户定义的间距跳跃移动(此时可注意观察状态栏的显示坐标值也将跳跃变化)。栅格通常配合捕捉使用，以便于观察。

2.1.4 栅格与捕捉间距的设置

右键单击状态栏上的"捕捉"和"栅格"按钮，或单击菜单栏"工具"→"草图设置"，将打开"草图设置"对话框(图2-3)，可填入栅格和捕捉间距的数值。

图 2-3　栅格与捕捉间距的设置

注：捕捉间距不需要和栅格间距相同。

2.2 正交与极轴追踪

2.2.1 概念

手工绘图时，需要丁字尺和三角板来绘制水平线、铅垂线或者一定角度的线；在AutoCAD中，使用正交工具可以将光标限制在水平或垂直方向上移动，使用极轴追踪工具则可以将光标限制在指定角度上进行移动。正交工具可以认为是角度增量为90°的一种极轴追踪。

2.2.2 调用方式

	状态栏：	单击“正交”或“极轴”按钮(图2-4)
	快捷键：	按 F8 或 Ctrl + L，切换“正交”的开启和关闭状态 按 F10，切换“极轴”的开启和关闭状态

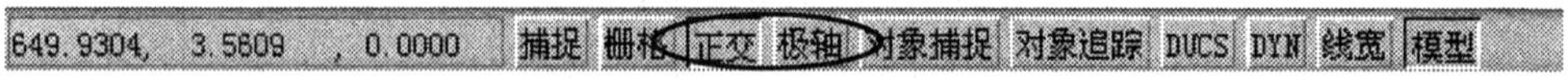

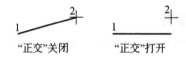

649.9304, 3.5609 , 0.0000
捕捉 栅格 正交 极轴 对象捕捉 对象追踪 DUCS DYN 线宽 模型

图2-4 状态栏中正交与极轴的调用

注：“正交”和“极轴”不能同时打开，打开“正交”将自动关闭“极轴”，反之亦然。

2.2.3 界面

在正交界面中，绘制出第一点后，移动光标准备指定第二点时，引出的橡皮筋线已不再是这两点之间的连线，而只能在水平或垂直方向上移动，如图2-5所示。

1
2
“正交”关闭
1
2
“正交”打开

图2-5 正交界面

使用极轴追踪可以在某一点沿着一定的方向绘制临时辅助线(图2-6)，追踪的增量角度可以是预定义的极轴增量角，也可以指定其他角度。

Y
X
极轴:
1.5<30
Y
X
极轴:
1.5<60
Y
X
极轴:
1.5<90

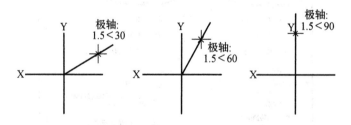

图2-6 极轴追踪界面

2.2.4 极轴追踪角度的设置

右键单击状态栏上的“极轴”按钮，或单击菜单栏“工具”→“草图设置”，打开“草图设置”对话框，可设置极轴追踪角度(图2-7)。

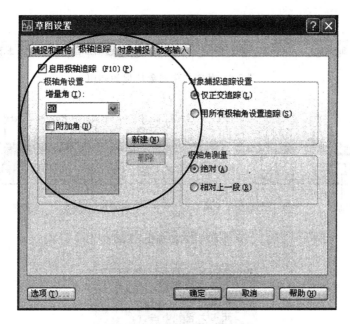

图 2-7　极轴追踪角度设置

2.3　对象捕捉

2.3.1　概念

手工绘图时，需要用几何作图方法来找到中点、垂足或切点；在 AutoCAD 中，可以非常方便地利用计算机的优势来快速计算或找到对象上的各种特征点，如端点、中点、垂足等。

在绘图过程中，"对象捕捉"启用时，光标移到要捕捉对象上的特征点附近，即可自动吸附并捕捉到相应的对象特征点，此时将在被捕捉到的特征点上出现对象捕捉标记(图 2-8)，并随后在光标右下角出现特征点的文字注释。

切点

图 2-8　对象捕捉标记

2.3.2　调用方式

□	状态栏：	单击"对象捕捉"，可切换"对象捕捉"的开启和关闭状态(图 2-9)
🖱	工具栏：	"对象捕捉"(图 2-10)
⌨	命令行：	输入 OSNAP
⌨	快捷键：	按 F3 键，切换"对象捕捉"的开启和关闭状态
🖱	右键快捷菜单：	当要求指定点时，同时按下 Shift + 右键，可以打开"对象捕捉"快捷菜单(图 2-11)

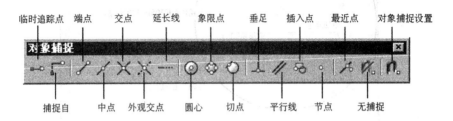

图 2-9　状态栏中对象捕捉的调用

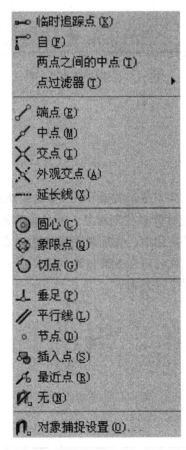

图 2-11　"对象捕捉"快捷菜单

2.3.3　对象捕捉的设置

右键单击状态栏上的"对象捕捉"按钮，或单击菜单栏"工具"→"草图设置"，打开"草图设置"对话框，可设置"对象捕捉"的类型，如图 2-12 所示。

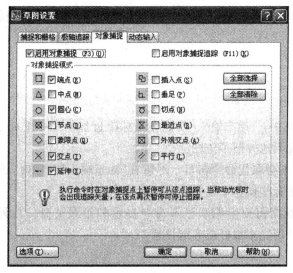

图 2-12　对象捕捉设置

2.4　自动追踪

2.4.1　概念

手工绘图时，往往需要绘制很多中间线段或辅助线；在 AutoCAD 中，可以沿指定方向（称为对齐路径）按指定角度或与其他对象的指定关系绘制对象，即自动绘制辅助中间线段。自动追踪功能分为极轴追踪和对象捕捉追踪两种。

使用对象捕捉追踪，可以沿着基于对象捕捉点的对齐路径进行追踪。已获取的点将显示一个小加号（＋），一次最多可以获取七个追踪点。获取点之后，在绘图路径上移动光标时，将显示相对于获取点的水平、垂直或极轴对齐路径。

在以下示例中（图 2-13），启用了"端点"对象捕捉。单击直线的起点 1 开始绘制直线，将光标移动到另一条直线的端点 2 处获取该点，然后沿水平对齐路径移动光标，定位要绘制的直线端点 3。

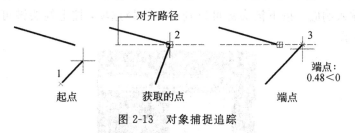

图 2-13　对象捕捉追踪

2.4.2　调用方式

	状态栏：	单击状态栏上的"对象追踪"按钮（图 2-14）
	快捷键：	F11

649.9304, 3.5609 , 0.0000　捕捉　栅格　正交　极轴　对象捕捉　对象追踪　DUCS　DYN　线宽　模型

图 2-14　状态栏中对象追踪的调用

●注：默认情况下，对象捕捉追踪将设置为正交追踪，可以使用极轴追踪角代替。

2.5 动态输入

2.5.1 概念

在 AutoCAD 2007 中，"动态输入"功能在光标附近提供了一个命令界面，以帮助用户专注于绘图区域，从而极大地方便了绘图。

●注："动态输入"不会取代命令窗口。尽管在"动态输入"启用时，可以隐藏命令窗口以增加绘图屏幕区域，但在有些操作中还是需要显示命令窗口。

●注：按 F2 键可根据需要隐藏和显示命令提示和错误消息。另外，也可以浮动命令窗口，并使用"自动隐藏"功能来展开或卷起该窗口。

2.5.2 调用方式

🖱	状态栏：	单击"DYN"按钮可以打开和关闭"动态输入"（图 2-15）
⌨	快捷键：	单击 F12 键可以临时将其关闭

897.0703, -39.2610 , 0.0000 | 捕捉 栅格 正交 极轴 对象捕捉 对象追踪 DUCS DYN 线宽 模型

图 2-15 状态栏中"DYN"的调用

2.5.3 使用说明

"动态输入"的功能包括以下三个方面，可以单独启用：

◆ 指针输入

见第 1 章"1.3.3 坐标输入方法"。

◆ 标注输入

见第 1 章"1.3.3 坐标输入方法"

◆ 显示动态提示

启用动态提示时，提示会显示在光标附近的工具栏提示中。用户可以在工具栏提示（而不是在命令行）中输入响应。按下箭头键可以查看和选择选项，按上箭头键可以显示最近的输入，如图 2-16 所示。

图 2-16 显示动态提示

2.5.4 "动态输入"的设置

右键单击状态栏上的"DYN"按钮，或单击菜单栏"工具"→"草图设置"，打开"草图设置"对话框，在"草图设置"对话框的"动态输入"选项卡中，可以对以上三个项目分别进行设置，如图 2-17 所示。

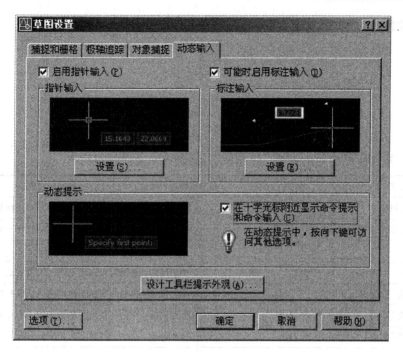

图 2-17　动态输入设置

操作实例

实例 1　绘制楼梯侧面图

【题目】

使用栅格、捕捉、追踪等辅助工具绘制如图 2-18 所示楼梯侧面图。

图 2-18　楼梯侧面图

【操作步骤】

Step 1. 打开 AutoCAD，进入绘图界面，执行画线命令，绘制地面线。

命令：＜栅格 开＞	单击状态栏上的"栅格"，打开栅格
命令：＜捕捉 开＞	单击状态栏上的"捕捉"，打开捕捉
命令：＜正交 开＞	单击状态栏上的"正交"，打开正交模式
命令：_line ↙	调用画直线命令
指定第一点：	在屏幕适当的位置单击左键确定第一点
指定下一点或［放弃(U)］：600 ↙	往右移动鼠标，输入第二点与第一点距离

画出的图形如图2-19所示。

图 2-19 绘制地面线

Step 2. 开启捕捉等辅助工具，继续执行画线命令，绘制台阶。

命令：＜正交 开＞	单击状态栏上的"正交"，打开正交模式
命令：＜对象捕捉 开＞	单击状态栏上的"对象捕捉"，打开对象捕捉
命令：＜对象捕捉追踪 开＞	单击状态栏上的"对象捕捉追踪"，打开对象捕捉追踪
命令：_line ✓	调用画直线命令
指定第一点：	移动鼠标，捕捉前面完成直线上的最近点
指定下一点或［放弃(U)］：165 ✓	移动鼠标，拉出一条向上的铅垂线，输入165
指定下一点或［闭合(C)/放弃(U)］：300 ✓	移动鼠标，拉出一条向左的水平线，输入300
指定下一点或［闭合(C)/放弃(U)］：165 ✓	移动鼠标，拉出一条向上的铅垂线，输入165
指定下一点或［闭合(C)/放弃(U)］：300 ✓	移动鼠标，拉出一条向左的水平线，输入300
……	重复以上步骤，继续绘制台阶至最后一级
指定下一点或［闭合(C)/放弃(U)］：	移动鼠标，拉出一条水平线
指定下一点或［闭合(C)/放弃(U)］：✓	按回车结束任务

画出的图形如图2-20所示。

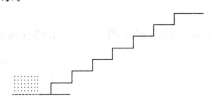

图 2-20 绘制台阶

Step 3. 绘制楼梯底板。

命令：_line ✓	调用画直线命令
指定第一点：	捕捉最下面楼梯踏步的最低点，做为线段的第一点
指定下一点或［放弃(U)］：	捕捉最上面楼梯踏步的最低点，做为线段的第一点
指定下一点或［放弃(U)］：✓	按回车结束任务

画出的图形如图2-21所示。

图 2-21 绘制楼梯底板连线

命令：m MOVE 找到 1 个	选择刚才绘制的线段
指定基点或［位移(D)］＜位移＞：指定第二个点或＜使用第一个点作为位移＞：	单击其中一条线段的端点，做为位移的第一点，再单击最下面水平线的端点做为位移的第二点

画出的图形如图 2-22 所示。

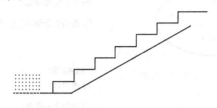

图 2-22 楼梯底板绘制完成

命令：_line 指定第一点：	指定楼梯底板的最高点，做为线段的第一点
指定下一点或［放弃(U)］：	移动鼠标，拉出一条向左的水平线
指定下一点或［放弃(U)］：＊取消＊	按回车结束任务

Step 4. 执行直线绘图命令绘制折断线，画出的图形如图 2-23 所示。

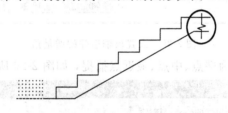

图 2-23 绘制折断线

Step 5. 单击"标准"工具栏中的 ▓ 按钮，保存文件。

实例 2　绘制别墅立面图

【题目】

使用极轴追踪等操作，绘制别墅立面图，如图 2-24 所示。

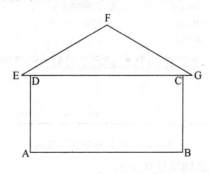

图 2-24 别墅立面完成图

【操作步骤】

Step 1. 打开 AutoCAD 进入绘图界面，设置极轴追踪的增量角。

单击 ▨ 按钮，使其凹下，启用极轴追踪功能；在 ▨ 按钮上单击右键，在弹出来的快捷菜单中选择"设置"选项，在"草图设置"对话框中选择"极轴追踪"选项卡，将"增量角"设置为"30"，如图 2-25 所示。

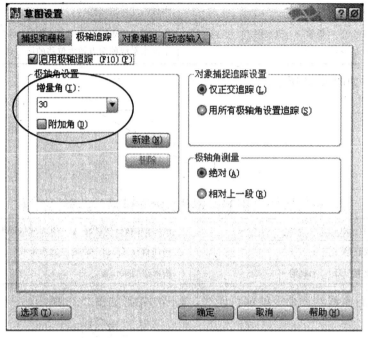

图 2-25　设置极轴追踪的增量角

Step 2. 设置捕捉方式为端点、中点、最近点捕捉，如图 2-26 所示。

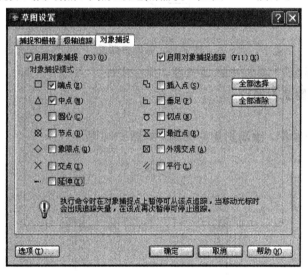

图 2-26　设置对象捕捉方式

Step 3. 调用直线命令绘制别墅墙体立面。

命令：_line 指定第一点：	在屏幕任意位置单击左键，确定直线 A 点
指定下一点或 [放弃(U)]：8000✓	向右沿 0°追踪，输入数值，确定 B 点
指定下一点或 [放弃(U)]：4000✓	向上沿 90°追踪，输入数值，确定 C 点
指定下一点或 [闭合(C)/放弃(U)]：8000✓	向左沿 180°追踪，输入数值，确定 D 点
指定下一点或 [闭合(C)/放弃(U)]：c✓	闭合直线，结束墙体立面绘制

画出的图形如图 2-27 所示。

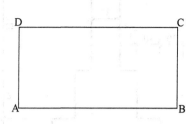

图 2-27　绘制别墅墙体立面

Step 4. 使用追踪，调用直线命令绘制别墅屋面。

命令：LINE 指定第一点：	在屏幕捕捉 D 点，确定直线 D 点
指定下一点或［放弃(U)］：500 ↙	向左沿 180°追踪，输入数值，确定 E 点
指定下一点或［放弃(U)］：5200 ↙	向上沿 30°追踪，输入数值，确定 F 点
指定下一点或［闭合(C)/放弃(U)］：↙	回车结束任务
命令：LINE 指定第一点：	按回车键默认上一次命令
指定下一点或［放弃(U)］：500 ↙	向右沿 0°追踪，输入数值，确定 G 点
指定下一点或［放弃(U)］：5200 ↙	向上沿 150°追踪，输入数值，确定 F 点
指定下一点或［闭合(C)/放弃(U)］：↙	回车结束任务

画出的图形如图 2-28 所示。

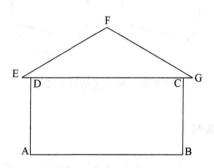

图 2-28　绘制别墅屋面

Step 5. 单击"标准"工具栏中的 ▦ 按钮，保存文件。

 上机训练

上机 1　基础轮廓的绘制

【题目】

使用正交等工具，绘制基础轮廓图，如图 2-29 所示。

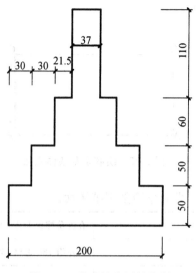

图 2-29　基础轮廓图的绘制

上机 2　风机连体杆的绘制

【题目】

打开"练习 2-1 对象捕捉——风机连体杆的绘制.dwg"，使用对象捕捉等工具在图 2-30a 上绘制成图 2-30b，如图 2-30 所示。

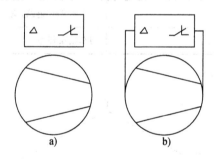

图 2-30　风机连体杆的绘制

上机 3　楼梯侧面图的绘制

【题目】

使用正交、对象追踪等工具，绘制楼梯侧面图，如图 2-31 所示。

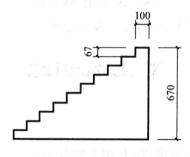

图 2-31　楼梯侧面图的绘制

上机 4　踢脚线轮廓图的绘制

【题目】

使用端点捕捉等工具，绘制踢脚线轮廓，如图 2-32 所示。

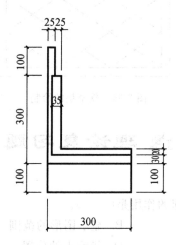

图 2-32　踢脚线轮廓图的绘制

上机 5　建筑轮廓图的绘制

【题目】

使用辅助工具，绘制屋面图，如图 2-33 所示。

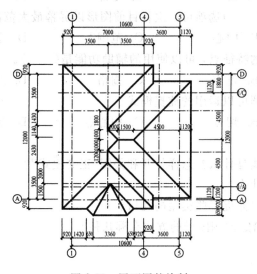

图 2-33　屋面图的绘制

上机 6　软坐垫的绘制

【题目】

使用对象捕捉等工具，绘制如图 2-34 所示的软坐垫。

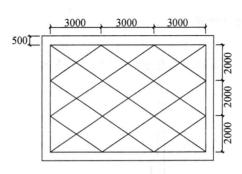

图 2-34　软坐垫的绘制

理论复习题

【选择题】

1. 在绘图过程中，栅格所起的作用是（　　　）。

A. 限制点的位置　　　　　　　　　　B. 显示图形的范围

C. 捕捉特征点　　　　　　　　　　　D. 指示点的位置

2. 当打开"正交"模式后，利用"直线"命令，可以画（　　　）。

A. 只能是水平线　　　　　　　　　　B. 只能是垂直线

C. 可以是 45°斜线　　　　　　　　　D. 只能是水平线和垂直线

3. 为保证整个图形边界在屏幕上可见，应使用（　　　）缩放选项。

A. 范围　　　　　　B. 窗口　　　　　　C. 全部　　　　　　D. 上一个

4. "缩放"命令中的（　　　）选项可一次将目前图形以屏幕最大范围显示。

A. 全部　　　　　　B. 中心　　　　　　C. 范围　　　　　　D. 上一个

5. 捕捉图形对象中的特征点，可以使用的辅助功能是（　　　）。

A. 捕捉　　　　　　B. 正交　　　　　　C. 栅格　　　　　　D. 对象捕捉

6. 下面（　　　）不是圆可以运用的捕捉模式。

A. 端点　　　　　　B. 切点　　　　　　C. 中心点　　　　　　D. 象限点

【问答题】

1. "正交模式"的功能是什么？怎样打开和关闭"正交模式"？

2. "重画"的作用是什么？

3. 对象捕捉功能可以捕捉哪些类型的几何点？

4. "缩放"命令中，给定比例因子的方式有哪几种？

第3章 使用 AutoCAD 绘制基本图形

 课前导读

【概述】	AutoCAD 具有非常强大而且便捷的绘图功能，与繁重的手工绘图相比极大地提高了绘图效率，学习并熟练掌握 AutoCAD 绘图功能是学习 AutoCAD 的主要内容				
【技能要求】	✓ 掌握基本绘图命令及其适用范围 ✓ 灵活应用绘图命令并掌握绘图技巧				
【学习内容】	课堂讲解	【知识点】	基础	重点	难点
		3.1 AutoCAD 绘图的几种调用方式	☑		
		3.2 AutoCAD 常用绘图命令	☑	☑	
	操作实例	实例 1 运动场平面图的绘制 实例 2 雕花大样的绘制			
	上机训练	上机 1 按要求绘制几何图形 上机 2 淋浴区圆弧的绘制 上机 3 办公桌立面图的绘制 上机 4 电风扇的绘制 上机 5 房屋人口立面图的绘制 上机 6 门的绘制 上机 7 箭头的绘制			
	理论复习题	选择题 问答题			

课堂讲解

3.1 AutoCAD 绘图的几种调用方式

3.1.1 绘图菜单

绘图菜单包含了 AutoCAD 2007 的大部分绘图命令，选择该菜单中的命令或子命令可以方便灵活地绘制出相应的二维图形，绘图菜单如图 3-1 所示。

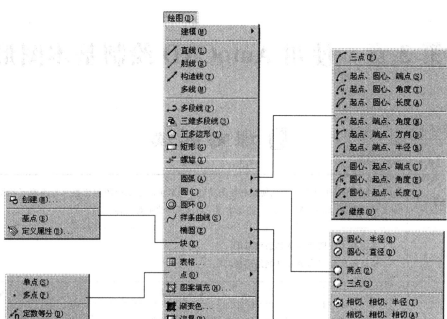

图 3-1 绘图菜单

3.1.2 绘图工具栏

绘图工具栏中的每个工具按钮都与"绘图"菜单中的绘图命令相对应,是图形化的绘图命令,如图 3-2 所示。

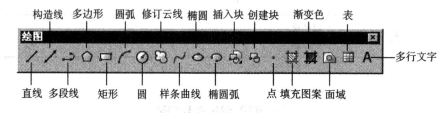

图 3-2 绘图工具栏

3.1.3 屏幕菜单

"屏幕菜单"是 AutoCAD 2007 的另一种菜单形式。选择其中的"工具 1"和"工具 2"子菜单,可以使用绘图相关工具。"工具 1"和"工具 2"子菜单中的每个命令分别与 AutoCAD 2007 的绘图命令相对应。默认情况下,系统不显示"屏幕菜单",但可以通过选择"工具"→"选项"命令,打开选项对话框,在"显示"选项卡的"窗口元素"选项组中选中"显示屏幕菜单"复选框,将其显示,如图 3-3 所示。

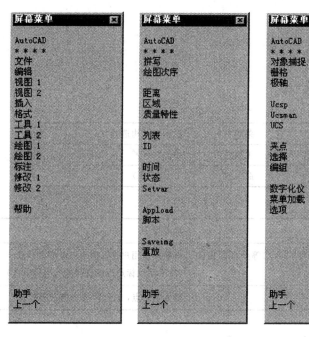

图 3-3　屏幕菜单

3.1.4　绘图命令

在命令提示行中输入绘图命令也是一种常用的方法，这种方法快捷，准确性高，但要求掌握绘图命令及其选择项的具体用法。

☛注：AutoCAD 在实际绘图时，采用命令行工作机制，以命令的方式实现用户与电脑的信息交互，而前面介绍的 3 种绘图方法是为了方便操作而设置的。

3.2　AutoCAD 常用绘图命令

3.2.1　AutoCAD 常用绘图命令列表

Auto CAD 常用绘图命令见表 3-1

表 3-1　AutoCAD 常用绘图命令

对象	图例	命令	对象	图例	命令
直线		Line(L)	正多边形		Polygon(POL)
构造线		Xline(XL)	点		Point(PO)
圆		Circle (C)	椭圆		Ellipse(EL)
圆弧		Arc(A)	样条曲线		Spline　(SPL)
正多边形		Rectang(REC)	多段(义)线		Pline　(PL)

3.2.2　AutoCAD 常用绘图命令介绍

1. 直线

直线是最基本的绘图命令，用于绘制一系列相对独立的连续线段(见第 1 章"1.2.2 命令

操作与人机应答")。

2. 构造线

◆ 功能

绘制真正的无限长的直线。

◆ 调用方式

▭	菜单栏：	"绘图"→"构造线"
🖱	工具栏：	"绘图"→ ✏
⌨	命令行：	XLINE(XL)

◆ 应答界面

命令：_xline ↙	启动命令
指定点或[水平(H)/垂直(V)/角度(A)/二等分(B)/偏移(O)]：	电脑提示用户输入确定构造的第一点（可采用鼠标点选或直接输入坐标方式）
指定通过点：	输入第二点，通过两点来确定构造线

◆ 命令说明

水平(H)/垂直(V)：创建通过指定点的水平构造线/垂直构造线。

角度(A)：按指定的角度创建构造线。

二等分(B)：经过选定的角顶点创建一条构造线，并且将选定的两条线之间的夹角平分。

偏移(O)：创建平行于另一个对象的构造线。

◆ 实例

【题目】

任意绘制∠ABC，运用构造线命令等分∠ABC，如图3-4所示。

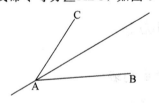

图3-4 用构造线命令等分角

【操作步骤】

命令：_xline	启动构造线命令
指定点或[水平(H)/垂直(V)/角度(A)/二等分(B)/偏移(O)]：b↙	输入B，选择二等分选项
指定角的顶点：	配合"对象捕捉"点选A点
指定角的起点：	配合"对象捕捉"点选B或C点
指定角的端点：	配合"对象捕捉"点选C或B点
指定角的端点：↙	回车绘制出角平分线(或继续指定角端点)
命令：	命令结束

3．圆

◆ 功能

AutoCAD 提供 6 种方法绘制圆，如图 3-5 所示。

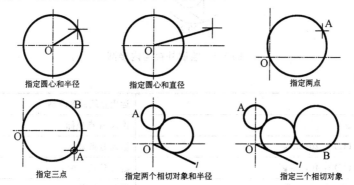

图 3-5　绘制圆的各种方法

◆ 调用方式

🖵	菜单栏：	"绘图"→"圆"，弹出子菜单（图 3-6）
🖱	工具栏：	"绘图"→⊘
⌨	命令行：	CIRCLE　（C）

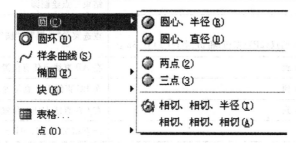

图 3-6　"圆"命令下的子菜单

◆ 应答界面

命令：_circle ↙	启动命令
指定圆的圆心或［三点（3P）/两点（2P）/相切、相切、半径（T）］：	采用鼠标点选或直接输入坐标方式指定圆心
指定圆的半径或［直径（D）］：	输入半径值

◆ 命令说明

三点（3P）：过三点确定圆。

两点（2P）：以两点为直径端点确定圆。

相切、相切、半径（T）：基于指定半径和两个相切对象绘制圆。

相切、相切、相切（A）：绘制与三个对象都相切的圆。

◆ 实例

【题目】

已知三角形顶点 A(20,20)、B(20,50)、C(40,35)，绘制其外接与内接圆，如图 3-7 所示。

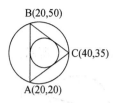

图 3-7 绘制外接与内接圆

【操作步骤】

命令：LINE	运用直线命令绘制
指定第一点：20，20 ✓	输入 A 点坐标
指定下一点或［放弃(U)］：20，50 ✓	输入 B 点坐标
指定下一点或［放弃(U)］：40，35 ✓	输入 C 点坐标
指定下一点或［闭合(C)/放弃(U)］：c ✓	闭合三角形
命令：_circle	运行圆命令
指定圆的圆心或［三点(3P)/两点(2P)/相切、相切、半径(T)］：3p ✓	选择"三点"绘制圆（命令行输入或点左键选择菜单）
指定圆上的第一个点：	点选 A 点
指定圆上的第二个点：	点选 B 点
指定圆上的第三个点：	点选 C 点
命令：	结束三点绘制圆
命令：_circle 指定圆的圆心或［三点(3P)/两点(2P)/相切、相切、半径(T)］：_3p	点选菜单"绘图"→"圆"→"相切、相切、相切"
指定圆上的第一个点：_tan 到	在 AB 直线上任意位置点左键
指定圆上的第二个点：_tan 到	在 BC 直线上任意位置点左键
指定圆上的第三个点：_tan 到	在 CA 直线上任意位置点左键
命令：	结束相切、相切、相切绘制圆

4. 圆弧

◆ **功能**

Auto CAD 提供 11 种方法绘制圆弧，下面是其中 6 种比较常用的方法，如图 3-8 所示。

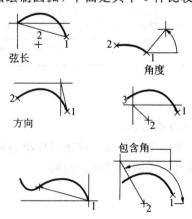

图 3-8 绘制圆弧各种方法

◆　调用方式

▯	菜单栏：	"绘图"→"圆弧"
🖱	工具栏：	"绘图"→ ◔ 将弹出子菜单(图3-9)
⌨	命令行：	ARC(A)

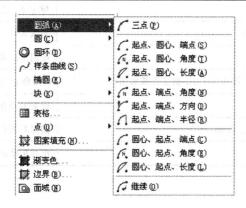

图 3-9　"圆弧"命令下的子菜单

◆　应答界面

命令：_arc ↙	启动命令
指定圆弧的起点或[圆心(C)]：	指定第一点
指定圆弧的第二个点或[圆心(C)/端点(E)]：	指定第二点
指定圆弧的端点：	指定第三点

◆　命令说明

三点：三点确定圆弧。

圆心(C)：用于给定圆心点条件。

端点(E)：用于给定端点条件。

角度(A)：用于给定圆心角角度条件。

弦长(L)：用于给定弦长条件。

方向(D)：用于指定弧的相切方向。

半径(R)：用于给定半径值条件。

◆　实例

【题目】

绘制一个单开门，如图 3-10 所示。

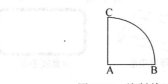

图 3-10　绘制单开门

【操作步骤】

命令：_rectang	启动命令
指定第一个角点或〔倒角(C)/标高(E)/圆角(F)/厚度(T)/宽度(W)〕：	在屏幕上指定任意点做为第一个角点
指定另一个角点或〔面积(A)/尺寸(D)/旋转(R)〕：@20,850	在命令行上输入@20,850
命令：_line 指定第一点：	指定第一点 A 点
指定下一点或〔放弃(U)〕：850	输入 850
指定下一点或〔放弃(U)〕：	按回车结束任务
命令：_arc 指定圆弧的起点或〔圆心(C)〕：c 指定圆弧的圆心：	启动命令，输入 C，捕捉 A 点作为圆弧的圆心
指定圆弧的起点：	捕捉 B 点作为圆弧的起点
指定圆弧的端点或〔角度(A)/弦长(L)〕：	捕捉 C 点作为圆弧的端点
命令：＊取消＊	按回车结束任务

5．圆环

◆ **功能**

填充环或实体填充圆

◆ **调用方式**

	菜单栏：	"绘图"→"圆环"
	工具栏：	"绘图"→
	命令行：	DONUT

◆ **应答界面**

命令：_donut↙	启动命令
指定圆环的内径 <10.0000>：10	输入内径值
指定圆环的外径 <20.0000>：20	输入外径值
指定圆环的中心点或 <退出>：	指定中心点的位置

6．矩形

◆ **功能**

创建矩形形状的闭合多段线，并可以指定长度、宽度、面积和旋转参数，还可以控制矩形上角点的类型（圆角、倒角或直角），如图 3-11 所示。

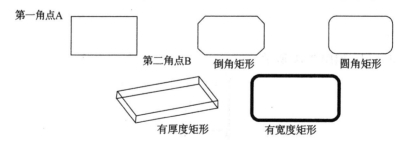

图 3-11　矩形

◆ **调用方式**

▭	菜单栏：	"绘图"→"矩形"
🖱	工具栏：	"绘图"→ ▭
⌨	命令行：	RECTANG(REC)

◆ **应答界面**

命令：_rectang	启动命令
指定第一个角点或［倒角(C)/标高(E)/圆角(F)/厚度(T)/宽度(W)］：	指定对角线第一点
指定另一个角点或［面积(A)/标注(D)/旋转(R)］	指定对角线第二点或输入选项

◆ **命令说明**

倒角(C) 圆角(F)：设置矩形四个边角的倒角或圆角距离。

标高(E)：指定矩形的标高。

厚度(T)：设置矩形的厚度。

宽度(W)：指定矩形线的宽度。

7. 正多边形

◆ **功能**

绘制边数为 3～1024 的正多边形。

◆ **调用方式**

▭	菜单栏：	"绘图"→"正多边形"
🖱	工具栏：	"绘图"→ ⬠
⌨	命令行：	POLYGON(POL)

◆ **应答界面**

命令：_polygon	启动命令
输入边的数目<4>：	输入想创建的正多边形的边数
指定正多边形的中心点或［边(E)］：	指定正多边形中心点位置
输入选项［内接于圆(I)/外切于圆(C)］<I>：	I
指定圆的半径：	输入正多边形外接圆的半径

◆ **命令说明**

边(E)：用于绘制固定边长的正多边形。

内接于圆(I)：指定正多边形外接圆的半径，正多边形的所有顶点都在此圆周上。

外切于圆(C)：指定正多边形内接圆的半径，正多边形中心点到各边中点的距离。

◆ **实例**

【题目】

绘制一个外切于圆的正六边形和一个内接于圆的正方形，如图 3-12 所示。

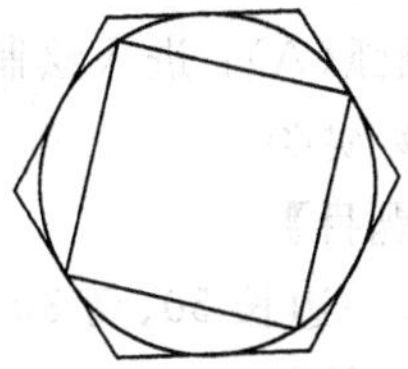

图 3-12　圆与多边形

【操作步骤】

命令：_polygon 输入边的数目 <4>：6	启动命令，输入 6
指定正多边形的中心点或[边(E)]：	捕捉圆的中心点作为外接六正边形的中心点
输入选项[内接于圆(I)/外切于圆(C)] <I>：C	输入 C
指定圆的半径：	捕捉圆半径的最近点，点击确定
命令：_polygon 输入边的数目 <6>：4	启动命令。输入 4
指定正多边形的中心点或[边(E)]：	捕捉圆的中心点作为外接六正边形的中心点
输入选项[内接于圆(I)/外切于圆(C)] <I>：C	输入 I
指定圆的半径：	捕捉圆半径的最近点，点击确定

8. 椭圆

◆ 功能

用于绘制椭圆和椭圆弧，椭圆弧是椭圆的一部分，如图 3-13 所示。

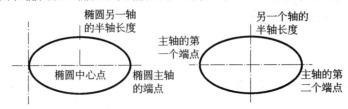

图 3-13　椭圆和椭圆弧

◆ 调用方式

□	菜单栏：	"绘图"→"椭圆"
🖱	工具栏：	"绘图"→ ⬮ | ⬮
⌨	命令行：	ELLIPSE(EL)

◆ 应答界面

命令：_ellipse	启动命令
指定椭圆的轴端点或[圆弧(A)/中心点(C)]：	指定一条轴的一个端点
指定轴的另一个端点：	指定一条轴的另一个端点
指定另一条半轴长度或[旋转(R)]：	指定另一条轴的一半长度

◆ 命令说明

中心点(C)：用于指定椭圆弧的中心。

旋转(R)：通过绕第一条轴旋转圆来创建椭圆，绕椭圆中心移动十字光标并单击。输入值越大，椭圆的离心率就越大。输入 0 则定义一个圆。

圆弧(A)：进入绘制椭圆弧的选项。

◆ 实例

【题目】

作一边长 50、高 30 的矩形，并作其内接椭圆，如图 3-14 所示。

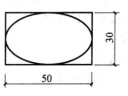

图 3-14　矩形与椭圆

【操作步骤】

命令：_rectang	运用矩形形命令绘制矩形
指定第一个角点或［倒角(C)/标高(E)/圆角(F)/厚度(T)/宽度(W)］：	点选一点为矩形角点
指定另一个角点或［尺寸(D)］：D	选择"尺寸"选项
指定矩形的长度＜0.0000＞：50	输入长度50
指定矩形的宽度＜0.0000＞：30	输入宽度30
指定另一个角点或［尺寸(D)］：	指定矩形的位置
命令：	结束矩形的绘制
命令：_ellipse	运行椭圆命令绘制椭圆
指定椭圆的轴端点或［圆弧(A)/中心点(C)］：	拾取矩形左边线中点
指定轴的另一个端点：	拾取矩形右边线中点
指定另一条半轴长度或［旋转(R)］：	拾取矩形上(或下)边线中点
命令：	完成内接椭圆的绘制

9. 多段线

◆ 功能

多段线是 AutoCAD 中的一个特有概念，一次命令运行绘制的线段为一个整体，其中可以同时包括直线段和圆弧，而且还可以有灵活的宽度设置。

◆ 调用方式

🖵	菜单栏：	"绘图"→"多段线"
🖱	工具栏：	"绘图"→ ⤶
⌨	命令行：	PLINE(PL)

◆ 应答界面

命令：_pline	启动命令
指定起点：	指定多段线的起始点
当前线宽为 0.0000 指定下一个点或［圆弧(A)/半宽(H)/长度(L)/放弃(U)/宽度(W)］：W	当前线宽状态 选择宽度选项
指定起点宽度＜40.0000＞：	输入多段线起点处线宽的值
指定端点宽度＜30.0000＞：	输入多段线端点处线宽的值
指定下一点或［圆弧(A)/闭合(C)/半宽(H)/长度(L)/放弃(U)/宽度(W)］：	指定多段线的下一点
…	继续指定点直至结束命令

◆ 命令说明

圆弧(A)：进入多段线弧线绘制的选项，进一步选项，意义和圆弧一致。

半宽(H)：输入多段线线宽的一半值。

长度(L)：沿着前一线段的方向绘制直线段，如果前一线段是圆弧，将绘制与该弧线段相切的新线段。

放弃(U)：删除最近一次添加到多段线上的直线段。

宽度(W)：输入多段线的线宽，可分别指定起点
宽度和端点宽度。

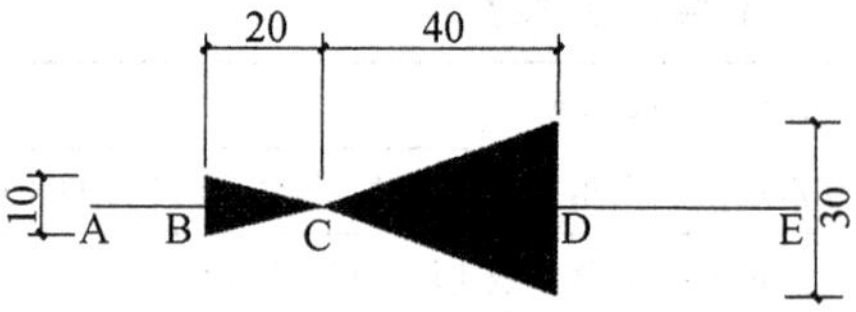

◆ 实例

【题目】

绘制一对头部对接的箭头，如图3-15所示。

图3-15　多段线绘制的箭头

【操作步骤】

命令：_pline	运用多段线命令绘制
指定起点：	点选一点为起点A
当前线宽为 0.0000	当前线宽状态
指定下一个点或［圆弧(A)/半宽(H)/长度(L)/放弃(U)/宽度(W)］：W	选择"线宽"选项
指定起点宽度 <0.0000>：	起点A宽度0
指定端点宽度 <0.0000>：	端点B宽度0
指定下一个点或［圆弧(A)/半宽(H)/长度(L)/放弃(U)/宽度(W)］：	指定B点位置
指定下一点或［圆弧(A)/闭合(C)/半宽(H)/长度(L)/放弃(U)/宽度(W)］：W	选择"宽度"选项
指定起点宽度 <0.0000>：10	指定B点宽度
指定端点宽度 <10.0000>：0	指定C点宽度
指定下一点或［圆弧(A)/闭合(C)/半宽(H)/长度(L)/放弃(U)/宽度(W)］：20	输入BC段长度20
指定下一点或［圆弧(A)/闭合(C)/半宽(H)/长度(L)/放弃(U)/宽度(W)］：H	选择"半宽"选项
指定起点半宽 <0.0000>：	指定C点的宽度的一半
指定端点半宽 <0.0000>：15	指定D点的宽度的一半（输入15即宽度为30）
指定下一点或［圆弧(A)/闭合(C)/半宽(H)/长度(L)/放弃(U)/宽度(W)］：40	输入CD段长度40
指定下一点或［圆弧(A)/闭合(C)/半宽(H)/长度(L)/放弃(U)/宽度(W)］：W	选择"宽度"选项
指定起点宽度 <30.0000>：0	输入D点宽度0
指定端点宽度 <0.0000>：0	输入E点宽度0
指定下一点或［圆弧(A)/闭合(C)/半宽(H)/长度(L)/放弃(U)/宽度(W)］：	指定E点位置
命令：	结束绘制

10. 样条曲线

◆ 功能

绘制经过或接近一系列给定点的光滑样条曲线。

◆ 调用方式

	菜单栏：	"绘图"→"样条曲线"
	工具栏：	"绘图"→ ∿
	命令行：	SPLINE(SPL)

◆ 应答界面

命令：_spline	启动命令
指定第一个点或［对象(O)］：	指定样条曲线通过的第一点
指定下一点：	指定样条曲线通过的第二点

指定下一点或[闭合(C)/拟合公差(F)]<起点切向>：	继续指定样条曲线通过的点,直至回车结束选点
指定起点切向：	指定样条曲线第一点的切向方向
指定端点切向：	指定样条曲线最后一点的切向方向

◆ 命令说明

对象(O)：将二维或三维的二次或三次样条曲线拟合多段线转换为等价的样条曲线。

闭合(C)：将曲线闭合,并使它在起始点连接处相切,这样可以闭合样条曲线。

拟合公差(F)：修改当前样条曲线的拟合公差。

11. 多线

◆ 功能

同时绘制出多条平行线,这些平行线称为元素。这个功能对于在建筑图中绘制墙体是很好的选择。

绘制的"多线"由"多线样式"所决定,故使用多线绘制时,首先须确认或调整"多线样式",设置完成后,可绘制多线,最后再对多线交叉处进行编辑。

◆ 多线样式的调用方式

▭	菜单栏：	"格式"→"多线样式…"
⌨	命令行：	MLSTYLE

◆ 多线样式的设置方法

调用多线样式将弹出以下对话框,如图 3-16 所示。

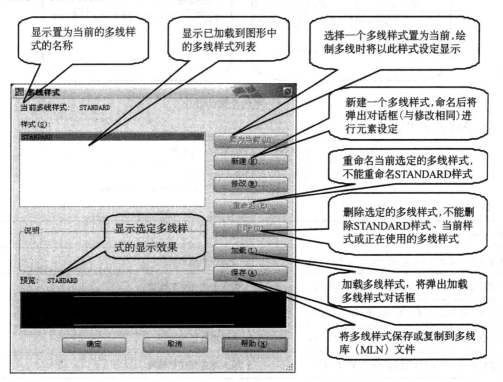

图 3-16　多线样式对话框

单击新建或修改按钮后，弹出对话框让用户对多线中的各元素进行设置，如图 3-17 所示。

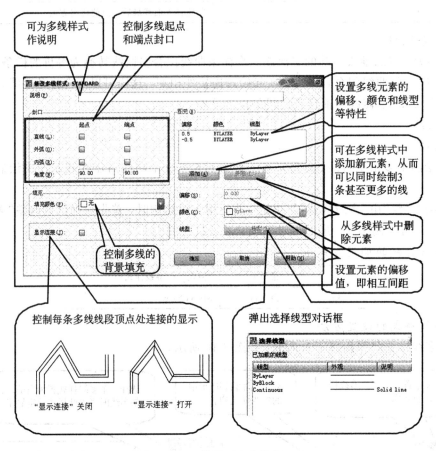

图 3-17　多线元素的设定

◆ 多线的调用方式

▭	菜单栏：　"绘图"→"多线"
⌨	命令行：　MLINE(ML)

◆ 多线的应答界面

命令：MLINE	启动命令
当前设置：对正＝上，比例＝30.00，样式＝4	当前多线状态说明
指定起点或［对正(J)/比例(S)/样式(ST)］:	输入 J 进行对正设置
输入对正类型［上(T)/无(Z)/下(B)］＜无＞:	B(输入选择对正形式)
当前设置：对正＝下，比例＝30.00，样式＝4	当前多线状态说明
指定起点或［对正(J)/比例(S)/样式(ST)］:	输入 S 进行比例设置
输入多线比例 ＜30.00＞:	输入多线比例值(如 20)

当前设置：对正＝下，比例 ＝20.00，样式＝4	当前多线状态说明
指定起点或［对正(J)/比例(S)/样式(ST)］：	开始绘制多线，指定多线第一点
指定下一点或［放弃(U)］：	指定多线第二点
指定下一点或［闭合(C)/放弃(U)］：	C(跟直线闭合意义一样)

◆ 多线的命令说明

对正(J)：确定如何在指定的点之间绘制多线。

● 上(T)：在光标下方绘制多线。

● 无(Z)：将光标作为原点绘制多线。

● 下(B)：在光标上方绘制多线。

比例(S)：多线宽度＝多线原始宽度×比例

样式(ST)：指定多线的样式。

◆ 多线修改的调用方式

□	菜单栏：	"修改"→"对象"→"多线…"
⌨	命令行：	MLEDIT

◆ 多线修改的应答界面

多线编辑工具将弹出对话框供用户选择多线交叉效果，如图 3-18 所示。

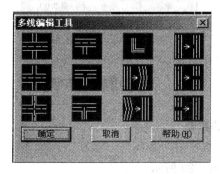

图 3-18　多线编辑对话框

12. 点

◆ 功能

绘制点对象，点不仅可以作为标记点，还可以作为捕捉对象的节点。

◆ 调用方式

□	菜单栏：	"绘图"→"点"→"单点"或"多点"
🖰	工具栏：	"绘图"→ ●
⌨	命令行：	PLINT(PO)

◆ **应答界面**

命令：_point	启动命令
当前点模式：PDMODE＝0 PDSIZE＝0.0000	状态说明
指定点：	鼠标单击或输入坐标指定点
指定点：	指定点，直到命令结束
命令：	命令结束

注：有时点在屏幕上看不到，原因是点样式的设置，菜单→"格式"→"点样式…"可以调出点样式对话框进行点外观设置，如图 3-19 所示。

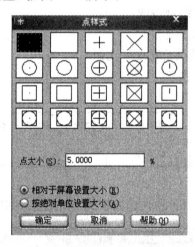

图 3-19　点样式对话框

操作实例

实例 1　运动场平面图的绘制

【题目】

绘制运动场平面图，如图 3-20 所示。

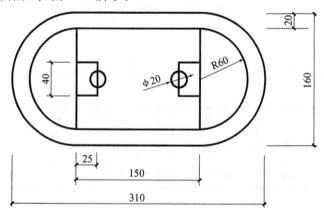

图 3-20　运动场平面图

【操作步骤】

Step 1. 进入 AutoCAD 绘图界面。

Step 2. 激活状态栏上的"对象追踪"、"对象捕捉"功能，并单击右键进行草图设置，执行矩形命令，根据命令行的提示应答如下：

命令：_rectang	启动命令
指定第一个角点或 [倒角（C）/标高（E）/圆角（F）/厚度（T）/宽度（W）]：	在屏幕上指定任意点做为矩形的第一个角点
指定另一个角点或 [面积（A）/尺寸（D）/旋转（R）]：@150,120	移动鼠标，向右上移动，输入@150,120

Step 3. 执行圆命令，根据命令行的提示应答如下：

命令：_circle	启动命令
指定圆的圆心或 [三点（3P）/两点（2P）/相切、相切、半径（T）]：2P 指定圆直径的第一个端点：	指定矩形的一角点做为第一个端点
指定圆直径的第二个端点：	指定矩形的另一角点做为第二个端点

画出的图形如图 3-21 所示。

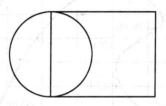

图 3-21 画出矩形与圆

Step 4. 执行偏移命令，如图 3-22 所示。

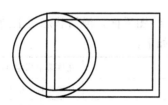

图 3-22 执行偏移命令

Step 5. 捕捉矩形边的中线，做一辅助线画出中间的矩形和半圆，画出的图形如图 3-23 所示。

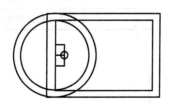

图 3-23 画出中间的矩形和半圆

Step 6. 利用"修剪"命令修剪掉不要的线，再用"镜像"完成该图的绘制，画出的图形如图 3-24 所示。

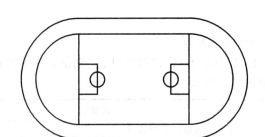

图 3-24　运动场平面图完成图

Step 7. 单击"标准"工具栏中的 按钮，保存文件。

实例 2　雕花大样的绘制

【题目】

通过使用正交、阵列、直线、样条曲线等操作绘制雕花大样，如图 3-25 所示。

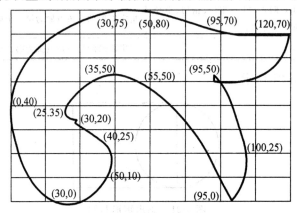

图 3-25　雕花大样

【操作步骤】

Step 1. 打开 AutoCAD 进入绘图界面。激活状态栏上的"正交"功能，执行画线命令画出定位线，根据命令行的提示应答如下：

命令：_line 指定第一点：	在屏幕上指定 0，0 作为直线的第一点
指定下一点或［放弃(U)］：120	移动鼠标，拉出一条向右的水平线，输入 120
指定下一点或［放弃(U)］：＊取消＊	按 Esc 结束任务
命令：_line 指定第一点：	指定第一条直线的起点作为该直线的第一点
指定下一点或［放弃(U)］：80	移动鼠标，拉出一条向上的铅垂线，输入 80
指定下一点或［放弃(U)］：＊取消＊	按 Esc 结束任务

画出的图形如图 3-26 所示。

图 3-26　画定位线

Step 2. 选择水平直线，单击阵列按钮■，在弹出的"阵列"对话框中设置各参数，如图 3-27 所示。单击 预览(V) < 按钮，在屏幕上观看阵列效果，满意后回车回到对话框，单击 确定 按钮接受，同样设置垂直的直线阵列，画出的图形如图 3-28 所示。

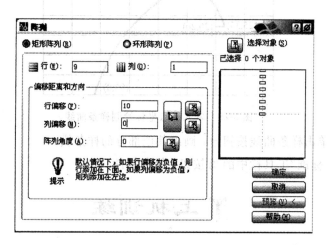

图 3-27　阵列对话框

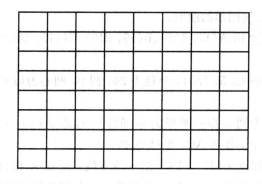

图 3-28　阵列后图形

Step 3. 点击样条曲线按钮 ～，利用绝对坐标输入各点坐标，分段绘制曲线，根据命令行的提示应答如下：

命令：_spline	启动命令
指定第一个点或 [对象(O)]：30，35	输入第一点坐标
指定下一点：25，35	输入第二点坐标
指定下一点或 [闭合(C)/拟合公差(F)] <起点切向>：35，50	输入第三点坐标
指定下一点或 [闭合(C)/拟合公差(F)] <起点切向>：55，50	输入第四点坐标
指定下一点或 [闭合(C)/拟合公差(F)] <起点切向>：95，0	输入第五点坐标
指定下一点或 [闭合(C)/拟合公差(F)] <起点切向>：	回车结束任务

画出的图形如图 3-29 所示。

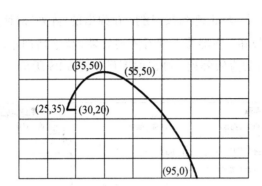

图 3-29　输入各点坐标绘制样条曲线

Step 4. 继续单击样条曲线按钮 ～，画出其他部分的样条线。

Step 5. 单击"标准"工具栏中的 ▦ 按钮，保存文件。

上机训练

上机 1　按要求绘制几何图形

【题目】

根据要求完成以下几何图形的绘制：

1. 已知△ABC 三点坐标 A(45，125)、B(95，210)、C(145，125)，作该三角形的内切圆和外接圆。

2. 已知圆 A，圆心为(45.5，150)，半径为 24；圆 B，圆心为(130，150)，半径为 35，作圆 A、B 两条外公切线。

3. 以 O(130，145)为圆心作一半径为 50 的圆，过点 A(30，145)分别作出切线 AB 和 AC。另作一圆分别相切于 AB 和 AC，半径为 20。

4. 过点 A(45，55)和点 B(130，195)作一条直线；过点 A 作直线 AC，已知 AB＝AC，∠BAC＝45°，C 点在 B 点下方；过点 B 和点 C 作一圆分别相切于直线 AB 和 AC。

5. 过 A(40，105)、B(165，190)两点作一矩形，以矩形的中心点为中心，以矩形的两边长为长短轴作一椭圆。

6. 作出 ABCDE 多义线。已知 A 点坐标为(30，175)，E 点坐标为(130，120)，A、B、C、D 四点在同一水平线上，线段 AB 线宽为 0，长度为 40，线段 BC 长度为 30，B 点线宽为 40，C 点线宽为 0，线段 CD 长度为 30，D 点线宽为 20，弧 DE 的宽度为 20，线段 CD 在 D 点与弧 DE 相切。

7. 以点(100，150)为中心，作一边长为 40 的正方形，在该正方形的外边作两个正方形，外边的正方形四边的中点是里边的正方形的四个顶点。

8. 以点(100，155)为圆心作半径为 20 的圆，再作一半径为 60 的同心圆。以圆心为中心，作两个互相正交的椭圆，椭圆短轴为小圆半径，长轴为大圆半径。

9. 已知 A(50，180)、B(75，140)、D(150，140)，直线 BC 分别是弧 AB 和弧 CD 的切线，且弧 AB 角度为 180°，BC 长为 50。

10. 根据尺寸绘制图形，如图 3-30 所示。

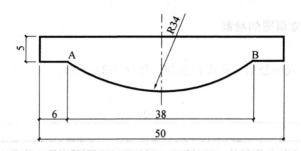

图 3-30　绘制几何图形

11. 根据尺寸绘制图形，如图 3-31 所示。

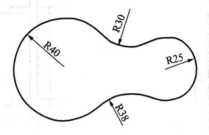

图 3-31　绘制几何图形

12. 绘制图案如图 3-32 所示，尺寸不限。

图 3-32　绘制图案

上机 2　淋浴区圆弧的绘制

【题目】

打开题库文件"练习 3-1 圆弧练习——淋浴区圆弧的绘制"，利用圆弧命令在图 3-33a 上绘制成图 3-33b，如图 3-33 所示。

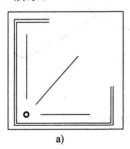
a)

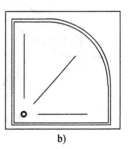
b)

图 3-33　淋浴区圆弧

上机3　办公桌立面图的绘制

【题目】

利用矩形命令完成办公桌立面图的绘制,如图3-34所示。

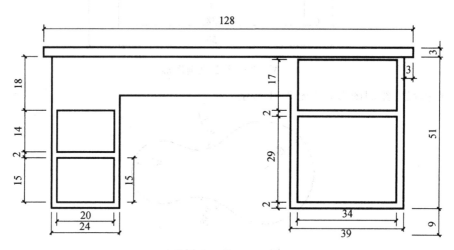

图3-34　办公桌立面图

上机4　电风扇的绘制

【题目】

利用圆弧和圆等命令完成"电风扇的绘制",如图3-35所示。

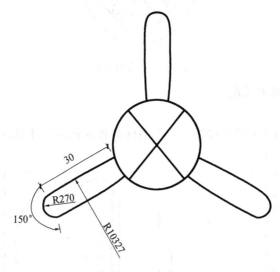

图3-35　电风扇

上机5　房屋入口立面图的绘制

【题目】

利用直线、椭圆等命令完成房屋入口立面图的绘制,如图3-36所示。

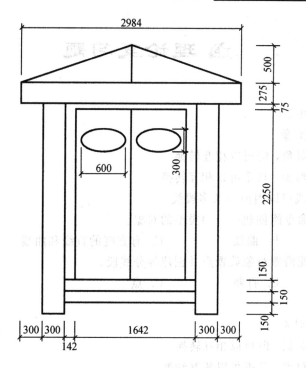

图 3-36　房屋入口立面图

上机 6　门的绘制

【题目】

绘制门，如图 3-37 所示。

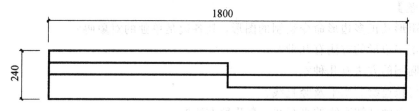

图 3-37　门的绘制

上机 7　箭头的绘制

【题目】

利用多段线命令完成箭头的绘制，如图 3-38 所示。

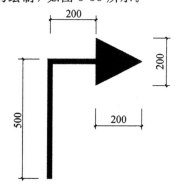

图 3-38　箭头的绘制

理论复习题

【选择题】

1. 直线和多段线是（　　　）。

A. 相同种类的对象

B. 不同种类的对象，但可以相互转换

C. 不同种类的对象，且不可以相互转换

D. 几条平行直线可以组成一条多段线

2. 使用多段线命令能创建（　　　）类型的对象。

A. 直线　　　　　　B. 曲线　　　　　　C. 有宽度的直线和曲线　　　D. 以上皆是

3. （　　　）命令能沿着对象放置点并创建等分线段。

A. 查询　　　　　　B. 打断　　　　　　C. 点　　　　　　　　　　D. 复制

4. 圆和椭圆是（　　　）。

A. 相同种类的对象

B. 不同种类的对象，但可以相互转换

C. 不同种类的对象，且不可以相互转换

D. 都是用直线近似表示的曲线

5. 运用正多边形命令绘制的正多边形可以看作是一条（　　　）。

A. 直线　　　　　　B. 多段线　　　　　　C. 样条曲线　　　　　D. 构造线

【问答题】

1. 用矩形及正多边形命令绘制的图形，其各边是单独的对象吗？

2. 画正多边形的方法有几种？

3. 画椭圆的方法有几种？

4. 如何快速绘制水平及竖直线？

5. 过一点画已知直线的平行线，有几种方法？

第4章　图形的编辑修改

 课前导读

【概述】	手工绘图时，图形的修改是一件烦恼又繁琐的事情，而在 AutoCAD 中，图形的编辑修改变得方便而轻松				
【技能要求】	✓　能熟练掌握选择对象的常用方法 ✓　能熟练使用 AutoCAD 常用修改命令编辑图形 ✓　能熟练使用"夹点模式"编辑对象				
【学习内容】	课堂讲解	【知识点】	基础	重点	难点
		4.1　选择对象的方法	☑		
		4.2　修改命令的调用方式			
		4.3　AutoCAD 常用绘图命令列表	☑	☑	
		4.4　"夹点模式"编辑对象	☑	☑	☑
	操作实例	实例1　卫生间布置图 实例2　灯光符号的绘制 实例3　餐桌椅的补充			
	上机训练	上机1　绘制几何图形 上机2　将单人沙发编辑成双人沙发 上机3　转角沙发的绘制 上机4　建筑轮廓图的绘制 上机5　餐桌椅的补充 上机6　茶几倒圆角 上机7　茶几倒斜角 上机8　吊灯的绘制			
	理论复习题	选择题 问答题			

课堂讲解

4.1　选择对象的方法

编辑修改必须针对一定的对象，使用编辑命令时，将显示"选择对象"提示，并且十字光标将替换为拾取框（有些编辑命令也可先选择对象后调用编辑命令），被选择对象用虚线亮显，

响应"选择对象"提示有多种方法：

4.1.1 逐个选择对象

1. 使用拾取框光标

出现拾取框时单击可以选择对象，如图4-1所示。

图 4-1 拾取框

☛注：可以在"选项"对话框"选择"选项卡中控制拾取框的大小。

2. 选择彼此接近的对象

当对象彼此接近或重叠时，选择对象通常是很困难的，按住 SHIFT ＋ 空格 组合键可以在这些对象之间循环。所需对象亮显时，单击选择该对象。

例如，下图显示了拾取框中的两条直线和一个圆，按住 SHIFT ＋ 空格 可以逐个在两条直线和一个圆之间循环，如图4-2所示。

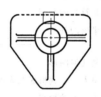

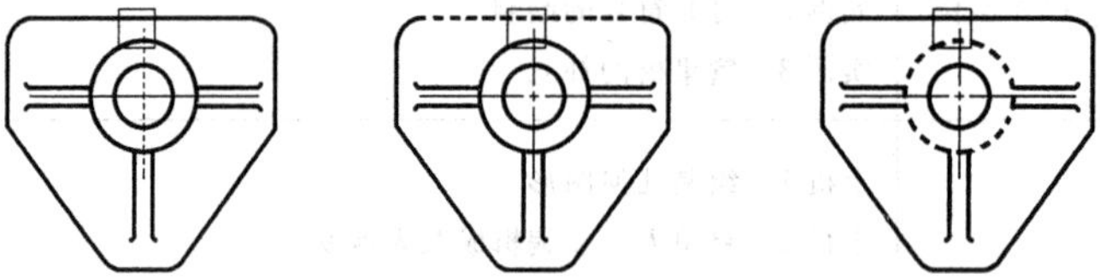

第一个选定的对象　　　　第二个选定的对象　　　　第三个选定的对象

图 4-2 循环选择多个对象

3. 从选择的对象中删除对象

按住 SHIFT 键并再次选择对象，可以将其从当前选择集中删除。

4.1.2 选择多个对象

1. 矩形窗口选择

通过指定矩形窗口可以选择对象，但选择方法取决于矩形的绘制方向，分为以下两种类型：

◆ 包含窗口

从左向右拖动光标，包含于矩形窗口中的对象被选择。

◆ 交叉窗口

从右向左拖动光标，与矩形窗口相交及被包含的对象被选择。

图4-3显示了二者的对比：

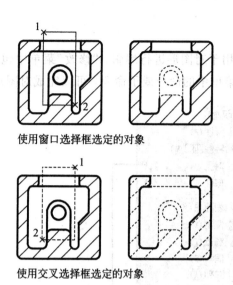

使用窗口选择框选定的对象

使用交叉选择框选定的对象

图 4-3　包含窗口与交叉窗口

2. 栏选

在"选择对象"提示下，输入选项 f 可进入栏选方法，即指定若干点绘制一条连续线段，它经过的对象被选择，如图 4-4 所示。

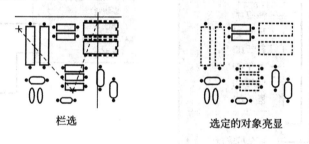

栏选　　　　　　　　　　选定的对象亮显

图 4-4　栏选

3. 从多个对象中删除选择

已经选择一些对象时，按住 SHIFT 键并再次选中选择的对象，或者按住 SHIFT 键然后单击并拖动窗口或交叉选择，可以从当前选择集中删除对象。

4. 使用其他选择选项

在"选择对象"提示下，在命令行中输入?，可以看到所有选择选项，提示如下：

需要点或窗口（W）/上一个（L）/窗交（C）/框选（BOX）/全部（ALL）/栏选（F）/圈围（WP）/圈交（CP）/编组（G）/添加（A）/删除（R）/多选（M）/上一个（P）/放弃（U）/自动（AU）/单选（SI）/子对象（SU）/对象（O）

选择对象：指定点或输入选项

4.2　修改命令的调用方式

AutoCAD 提供了丰富的方法对已有图形对象进行灵活的修改编辑，从而轻松地创建复杂的图形对象。

4.2.1　修改菜单

"修改"菜单下的命令用于对图形进行编辑，"修改"菜单中包含了 AutoCAD 2007 的大部分编辑命令，通过选择该菜单中的命令或子命令，可以完成对图形的所有编辑操作(图 4-5)。

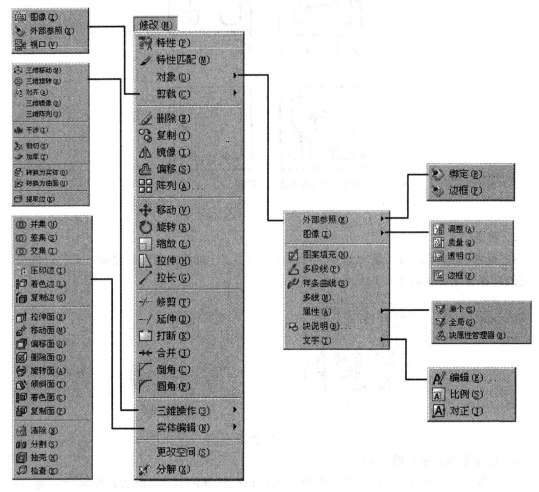

图 4-5　"修改"菜单

4.2.2　修改工具栏

"修改"工具栏的每个工具按钮都与"修改"菜单中相应的绘图命令相对应，单击即可执行相应的修改操作(图 4-6)。

图 4-6　修改工具栏

4.2.3　修改命令

在命令提示行中输入修改命令也是一种常用的方法，这种方法快捷，尤其可以简化命令的使用、加快操作速度。

4.3　AutoCAD 常用绘图命令列表

为便于快速统一地学习 AutoCAD 常用绘图命令，表 4-1 列出了 AutoCAD 常用绘图命令的调用方式、功能及示例。

表 4-1　AutoCAD 常用绘图命令的调用方式、功能及示例

命令	调用方式	功能及示例	备注
删除	菜单栏："修改"→"删除" 工具栏："修改"→ 命令行：EARSE(E)	功能：删除选定对象 选定面域　　　　结果	可以使用 UN-DO 命令恢复意外删除的对象
复制	菜单栏："修改"→"复制" 工具栏："修改"→ 命令行：COPY(CO)	功能：在距原始位置的指定距离处创建对象副本 基点　下一个点　下一个点　下一个点　第二个点 选定的对象　　　结果	使用"多个"选项，可以多次复制对象或选择集
镜像	菜单栏："修改"→"镜像" 工具栏："修改"→ 命令行：MIRROR(MI)	功能：沿镜像线创建与选定对象对称的图形对象 1　4　镜像线 2　3 使用窗口选定的对象　使用两点定义的镜像直线　保留原对象的结果	文字镜像后，若想文字不倒置，可将 MIR-RTEXT 设置为 0
偏移	菜单栏："修改"→"偏移" 工具栏："修改"→ 命令行：OFFSET(O)	功能：创建与选定对象形状为相似形的图形对象 多段线　　带有偏移的多段线	精确偏移有两种方法：以指定的距离偏移对象和使偏移对象通过一点

（续）

命令	调用方式	功能及示例	备注
阵列	☐菜单栏："修改"→"阵列" 🖱工具栏："修改"→▦ ⌨命令行：ARRAY(AR)	功能：以矩形或环形规律地创建对象的副本 选定对象　列间距 通过旋转对象得到的环形阵列　环形阵列填充角=180°未旋转的对象	对于矩形阵列，可以控制行和列的数目以及它们之间的距离；对于环形阵列，可以控制对象副本的数目并决定是否旋转副本
移动	☐菜单栏："修改"→"移动" 🖱工具栏："修改"→✛ ⌨命令行：MOVE(M)	功能：可以移动对象而不改变其方向和大小 移动前　移动后	可以通过输入两点的坐标值来确定移动距离
旋转	☐菜单栏："修改"→"旋转" 🖱工具栏："修改"→▣ ⌨命令行：ROTATE(RO)	功能：绕指定点旋转对象 选定的对象　基点和旋转角度　结果	输入正角度值逆时针或顺时针旋转对象取决于"图形单位"对话框中的"方向控制"设置
缩放	☐菜单栏："修改"→"缩放" 🖱工具栏："修改"→▨ ⌨命令行：SCALE(SC)	功能：通过缩放，可以使对象变得更大或更小，但不改变它的比例 选定对象　按0.5的比例因子缩放的对象　结果	比例因子大于1时将放大对象；比例因子小于1时将缩小对象
拉伸	☐菜单栏："修改"→"拉伸" 🖱工具栏："修改"→◸ ⌨命令行：STRETCH(ST)	功能：通过移动端点、顶点或控制点来拉伸某些对象 使用窗交选择选定的对象　在打开正交模式和直接距离输入功能的情况下移动门　结果	拉伸移动位于交叉选择窗口内部的端点，必须用交叉选择对象

（续）

命令	调用方式	功能及示例	备注
修剪	▭菜单栏："修改"→"修剪" 🖱工具栏："修改"→✂ ⌨命令行：TRIM(TR)	功能：可以修剪对象，使它们精确地终止于由其他对象定义的边界 按ENTER键选定　选定要修剪的对象　　结果 所有对象	选择的剪切边或边界边可以不与修剪对象相交
延伸	▭菜单栏："修改"→"延伸" 🖱工具栏："修改"→✂ ⌨命令行：EXTEND(EX)	功能：可以通过缩短或拉长，使对象与其他对象的边相接 选定的边界　　　选定要延伸的对象　　　结果	延伸与修剪的操作方法基本相同
打断	▭菜单栏："修改"→"打断" 🖱工具栏："修改"→▢ ⌨命令行：BREAK(BR)	功能：在对象上创建间距，使分开的两个部分之间有空间的方便途径 第一个打断点　　第二个打断点　　　结果	打断经常用于块或文字插入创建空间
倒角	▭菜单栏："修改"→"倒角" 🖱工具栏："修改"→▢ ⌨命令行：CHAMFER CHA)	功能：在两条非平行线之间用直线倒角 圆角前的两条　带半径圆角的两　带零半径圆角 直线　　　　　条直线　　　　　的两条直线	如果两个倒角距离都为 0，则倒角操作可代替修剪或延伸操作
圆角	▭菜单栏："修改"→"圆角" 🖱工具栏："修改"→▱ ⌨命令行：FILLET(F)	功能：圆角就是通过一个指定半径的圆弧来光滑地连接两个对象 圆角前的两条　带半径圆角的两　带零半径圆角 直线　　　　　条直线　　　　　的两条直线	如果将圆角半径设为 0，则倒角操作可代替修剪或延伸操作

（续）

命令	调用方式	功能及示例	备注
分解	▱菜单栏："修改"→"分解" ⌐工具栏："修改"→ ▨ ⌨命令行：EXPLODE(X)	功能：可以分解多段线、标注、图案填充或块参照等合成对象，将其转换为单个元素 79·33 79·33 尺寸分解前后　　　块分解前后	分解标注或图案填充后，将失去其所有的关联性；分解多段线时，将放弃其宽度信息；分解属性块，属性值将丢失

4.4 "夹点模式"编辑对象

4.4.1 概念

在不执行任何命令的情况下选择对象，对象关键点上将出现实心蓝色小方框，称为"夹点"。拖动夹点可以直接而快速地编辑对象，这一方式称为"夹点模式"（图4-7）。

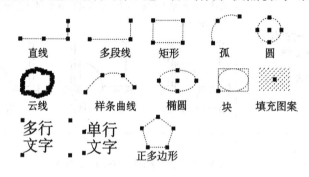

图4-7 "夹点模式"

4.4.2 夹点的用法

"夹点模式"可以实现对象的拉伸、移动、旋转、缩放、镜像或复制等常用图形编辑的快速操作。

夹点被选定后，称为"热夹点"，小方框将由原来的蓝色显示为红色，此时可通过按 ENTER 键或空格键循环选择一种夹点模式，还可以使用快捷键或单击鼠标右键查看所有模式和选项。按 Esc 键可以取消夹点选择。

4.4.3 使用夹点编辑对象

1. 使用夹点拉伸对象

夹点被选定后默认进入拉伸操作（图4-8），命令行将显示如下提示信息：

＊＊拉伸＊＊	标示当前激活的编辑状态为"拉伸"
指定拉伸点或［基点(B)/复制(C)/放弃(U)/退出(X)］：	移动鼠标到新位置并单击，随着夹点的移动以拉伸形式改变对象形状或位置

注：文字、块、直线中点、圆心、椭圆中心和点对象上的夹点只能移动对象改变位置，而不能拉伸对象改变形状。

注：在拉伸对象时按住 CTRL 键可复制选定对象。

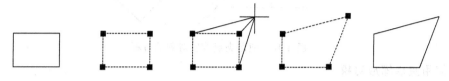

图 4-8 使用夹点拉伸对象的过程

2. 使用夹点移动对象

选定夹点，并激活默认夹点模式"拉伸"，按 ENTER 键或空格键（或单击鼠标右键显示模式和选项的快捷菜单）循环选择夹点模式，直到显示夹点模式为"移动"，命令行将显示如下提示信息：

＊＊ 拉伸 ＊＊	标示当前激活的编辑状态为"拉伸"
指定拉伸点或［基点(B)/复制(C)/放弃(U)/退出(X)］：	按 ENTER 键或空格键或右键菜单选择编辑状态
＊＊ 移动 ＊＊	标示当前激活的编辑状态为"移动"
指定移动点或［基点(B)/复制(C)/放弃(U)/退出(X)］：	移动鼠标到新位置并单击，随着夹点的移动将对象移动到新位置

命令说明：

基点(B)：重新定义基点，原始基点为进入夹点编辑状态时点选的夹点。

复制(C)：同复制命令，但在这里和移动命令配合使用，达到多重复制的效果。

图 4-9 为使用夹点移动方法将圆移动到矩形上方的过程。

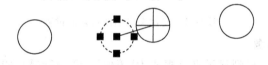

图 4-9 使用夹点移动对象的过程

3. 使用夹点旋转对象

循环选择夹点模式，直到显示夹点模式为"旋转"，命令行提示如下：

＊＊ 拉伸 ＊＊	标示当前激活的编辑状态为"拉伸"
指定拉伸点或［基点(B)/复制(C)/放弃(U)/退出(X)］：	按 ENTER 键或空格键或右键菜单选择编辑状态
＊＊ 移动 ＊＊	标示当前激活的编辑状态为"移动"
指定移动点或［基点(B)/复制(C)/放弃(U)/退出(X)］：	继续按 ENTER 键或空格键或右键菜单选择编辑状态
＊＊ 旋转 ＊＊	标示当前激活的编辑状态为"旋转"
指定旋转角度或［基点(B)/复制(C)/放弃(U)/参照(R)/退出(X)］：30	输入要旋转的角度值

图 4-10 为使用夹点旋转功能，将矩形旋转的过程。

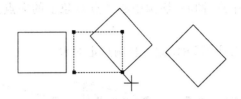

图 4-10　使用夹点旋转对象的过程

4. 使用夹点缩放对象

循环选择夹点模式，直到显示夹点模式为"比例缩放"，命令行提示如下：

＊＊拉伸＊＊	标示当前激活的编辑状态为"拉伸"
指定拉伸点或［基点(B)/复制(C)/放弃(U)/退出(X)］：	按 ENTER 键或空格键或右键菜单选择编辑状态
＊＊移动＊＊	标示当前激活的编辑状态为"移动"
指定移动点或［基点(B)/复制(C)/放弃(U)/退出(X)］：	继续按 ENTER 键或空格键或右键菜单选择编辑状态
＊＊旋转＊＊	标示当前激活的编辑状态为"旋转"
指定旋转角度或［基点(B)/复制(C)/放弃(U)/参照(R)/退出(X)］：	继续按 ENTER 键或空格键或右键菜单选择编辑状态
＊＊比例缩放＊＊	标示当前激活的编辑状态为"比例缩放"
指定比例因子或［基点(B)/复制(C)/放弃(U)/参照(R)/退出(X)］：	输入相缩放的比例值，回车完成命令

图 4-11 为使用夹点缩放对象的过程

图 4-11　使用夹点缩放对象的过程

5. 使用夹点镜像对象

循环选择夹点模式，直到显示夹点模式为"镜像"，命令行提示如下：

＊＊拉伸＊＊	标示当前激活的编辑状态为"拉伸"
指定拉伸点或［基点(B)/复制(C)/放弃(U)/退出(X)］：	按 ENTER 键或空格键或右键菜单选择编辑状态
＊＊移动＊＊	标示当前激活的编辑状态为"移动"
指定移动点或［基点(B)/复制(C)/放弃(U)/退出(X)］：	继续按 ENTER 键或空格键或右键菜单选择编辑状态
＊＊旋转＊＊	标示当前激活的编辑状态为"旋转"
指定旋转角度或［基点(B)/复制(C)/放弃(U)/参照(R)/退出(X)］：	继续按 ENTER 键或空格键或右键菜单选择编辑状态
＊＊比例缩放＊＊	标示当前激活的编辑状态为"比例缩放"
指定比例因子或［基点(B)/复制(C)/放弃(U)/参照(R)/退出(X)］：	继续按 ENTER 键或空格键或右键菜单选择编辑状态
＊＊镜像＊＊	标示当前激活的编辑状态为"镜像"
指定第二点或［基点(B)/复制(C)/放弃(U)/退出(X)］：	指定镜像轴的第二点，所选夹点为镜像轴第一点

图 4-12 记录了一个门使用夹点进行镜像的过程。

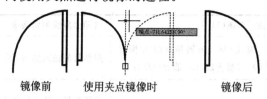

镜像前　　　　使用夹点镜像时　　　　　　镜像后

图 4-12　使用夹点镜像对象的过程

6. 使用夹点创建多个副本

利用任何夹点模式修改对象时均可以创建对象的多个副本。

例如，旋转模式下选择"复制"选项可以在旋转对象时保留原对象，从而实现旋转复制的操作，如图 4-13 所示。

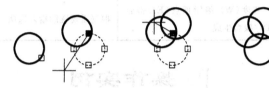

图 4-13　使用夹点旋转复制对象的过程

4.4.4　多段线的修改编辑

多段线提供单个直线所不具备的编辑功能。例如，可以调整多段线的宽度和曲率。创建多段线之后，可以使用 PEDIT 命令对其进行编辑，实现多段线线段合并、修改等操作。

✎注：可以使用 EXPLODE 命令将多段线转换成单独的直线段和弧线段。

◆ 调用方式

🗀	菜单栏：	"绘图"→"多段线"
⌨	命令行：	PEDIT(PE)

◆ 应答界面

命令：pePEDIT 选择多段线或[多条(M)]：	启动多段线编辑命令
输入选项[闭合(C)/合并(J)/宽度(W)/编辑顶点(E)/拟合(F)/样条曲线(S)/非曲线化(D)/线型生成(L)/放弃(U)]：J	根据需要输入小括号内的字母以选择相应选项
……	根据提示进行相应操作

◆ 实例

【题目】

将圆弧合并到多段线，并改变全部多段线的宽度为 5，如图 4-14 所示。

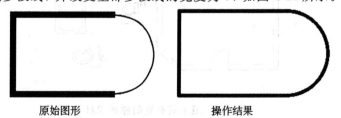

原始图形　　　　　　　　　操作结果

图 4-14　圆弧与多段线

【操作步骤】

命令：pe PEDIT 选择多段线或[多条(M)]：	启动多段线编辑命令
输入选项[闭合(C)/合并(J)/宽度(W)/编辑顶点(E)/拟合(F)/样条曲线(S)/非曲线化(D)/线型生成(L)/放弃(U)]：J	根据目的输入选项，合并选J
选定的对象不是多段线 是否将其转换为多段线？<Y>	选择圆弧，对于非多段线对象将首先进行转换
1 条线段已添加到多段线	合并完成
输入选项[闭合(C)/合并(J)/宽度(W)/编辑顶点(E)/拟合(F)/样条曲线(S)/非曲线化(D)/线型生成(L)/放弃(U)]：W	根据需要继续输入选项，宽度选W
指定所有线段的新宽度：5	指定新宽度为5
输入选项[闭合(C)/合并(J)/宽度(W)/编辑顶点(E)/拟合(F)/样条曲线(S)/非曲线化(D)/线型生成	根据需要继续输入选项，直至回车结束命令

🚩 操作实例

实例1 卫生间布置图

【题目】

给出一个卫生间框架以及盥洗设备图例，完成卫生间的布置，如图4-15所示。

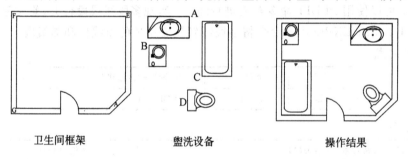

卫生间框架　　　　　盥洗设备　　　　　操作结果

图4-15 卫生间布置图

【操作步骤】

Step 1. 打开题库文件"实例4-1移动练习——卫生间的布置图A.dwg"，将显示原始素材如图4-16所示。

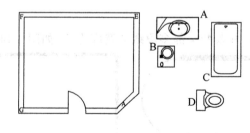

图4-16 卫生间布置的原始素材

Step 2. 设置捕捉方式为端点、中点、最近点捕捉；选择图中的洗手盆执行移动命令，命令行提示如下：

命令：_move	启动命令
选择对象：指定对角点：找到 87 个	选择洗手盆，
选择对象：	回车确认
指定基点或［位移(D)］＜位移＞	捕捉 A 点作为位移的第一点
指定第二个点或 ＜使用第一个点作为位移＞：	捕捉 E 点作为目标点

Step 3. 继续以上方法移动浴缸和洗衣机，画出的图形如图 4-17 所示。

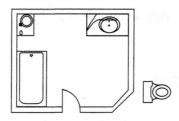

图 4-17 移动洗手盆、浴缸和洗衣机

Step 4. 坐便器则要先执行旋转命令，启动极轴追踪，设置极轴追踪角为 45°，对话框如图 4-18 所示。

图 4-18 设置极轴追踪角

旋转命令执行过程如下：

命令：_rotate	启动命令
UCS 当前的正角方向：ANGDIR＝逆时针 ANGBASE＝0	提示相关参数
选择对象：	选择要旋转的坐便器
指定基点：	捕捉中点 D
选择对象：找到 1 个	找到旋转对象
指定旋转角度，或［复制(C)/参照(R)］＜0＞：135	输入要旋转的角度 135，回车结束任务

再执行移动命令，把坐便器移到 H 点，如图 4-19 所示。

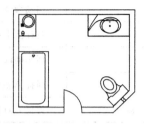

图 4-19　坐便器布置完成

Step 5. 单击"标准"工具栏中的 ▦ 按钮，保存文件。

实例 2　灯光符号的绘制

【题目】

绘制灯光符号，如图 4-20 所示。

图 4-20　灯光符号

【操作步骤】

Step 1. 进入 AutoCAD 绘图界面。

Step 2. 执行画圆命令，画出直径分别为 20，174 和 270 的三个同心圆（图 4-21）。

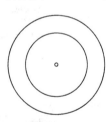

图 4-21　绘制三个同心圆

Step 3. 执行画直线命令，通过捕捉两个小圆的象限点画出如图 4-22 所示图形。

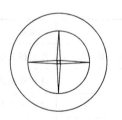

图 4-22　执行画直线命令

Step 4. 执行旋转命令，结果如图 4-23 所示。

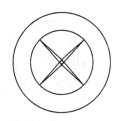

图 4-23　灯光符号的绘制

Step 5. 执行画直线命令，通过捕捉最大圆和最小圆的象限点画出灯光的长线条。如图 4-24 所示。

图 4-24　执行画直线命令

Step 6. 再执行修剪命令剪去多余的线段，完成绘制，画出的图形如图 4-25 所示。

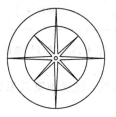

图 4-25　灯具绘制完成图

Step 7. 单击"标准"工具栏中的▦按钮，保存文件。

实例 3　餐桌椅的补充

【题目】

使用阵列绕餐桌补齐餐桌椅，如图 4-26 所示。

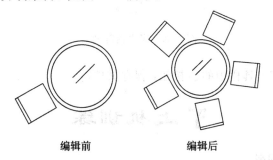

编辑前　　　　　　　编辑后

图 4-26　餐桌椅编辑前后

【操作步骤】

Step 1. 打开文件"实例 4-2 阵列练习——餐桌的补充 A.dwg"进入绘图界面，如图 4-27 所示。

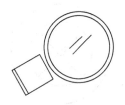

图 4-27　餐桌椅编辑前

Step 2. 执行阵列命令，在弹出的对话框中做下面的设置，如图 4-28 所示。

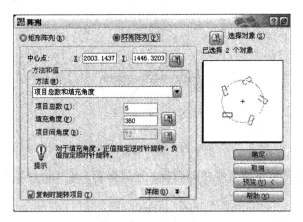

图 4-28　"阵列"窗口

单击 [预览(V) <] 对阵列效果进行预览，接受预览效果后单击 [确定]，画出的图形如图 4-29 所示。

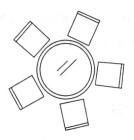

图 4-29　餐桌椅阵列后

Step 3. 单击"标准"工具栏中的 ▦ 按钮，保存文件。

上机训练

上机 1　绘制几何图形

【题目】

1. 利用"多重复制"、"倒角"及"比例缩放"等命令绘制如图 4-30 所示的图形。

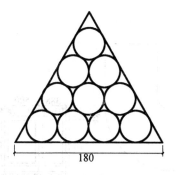

图 4-30　绘制几何图形

2. 利用绘图和编辑命令绘制如图 4-31 所示的图形，尺寸不限。

图 4-31　绘制图形

上机 2　将单人沙发编辑成双人沙发

【题目】

打开题库"练习 4－1 拉伸练习——双人沙发的绘制.dwg"，使用"拉伸"等命令把图 4-32a 编辑绘制成图 4-32b，完成将单人沙发编辑成双人沙发的操作，如图 4-32 所示。

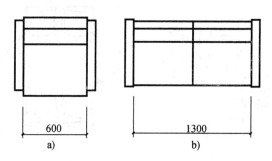

图 4-32　双人沙发的绘制

上机 3　转角沙发的绘制

【题目】

打开题库"练习 4-2 偏移练习——转角沙发的绘制.dwg"，使用偏移和修剪等命令在图 4-33a 上编辑绘制成图 4-33b，如图 4-33 所示。

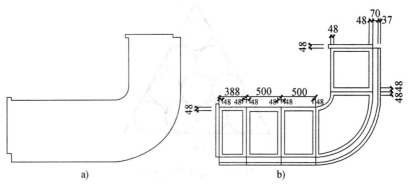

图 4-33　转角沙发的绘制

上机 4　建筑轮廓图的绘制

【题目】

打开题库"练习 4-3 拉伸练习——建筑轮廓图的绘制.dwg",使用拉伸等命令在图 4-34a 上编辑绘制成图 4-34b,如图 4-34 所示。

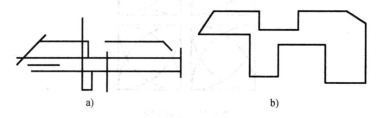

图 4-34　建筑轮廓图的绘制

上机 5　餐桌椅的补充

【题目】

打开题库"练习 4-4 镜像练习——餐桌椅的补充.dwg",使用镜像等命令在图 4-35a 上编辑绘制成图 4-35b,完成餐桌椅的补充操作,如图 4-35 所示。

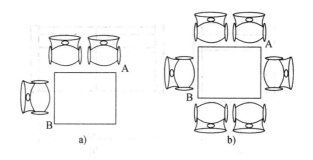

图 4-35　餐桌椅的补充

上机 6　茶几倒圆角

【题目】

打开题库"练习 4-5 圆角练习——茶几角的绘制.dwg",使用圆角等命令在图 4-36a 上编辑绘制成图 4-36b,完成茶几角的绘制,如图 4-36 所示。

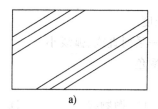
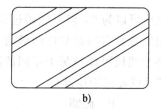

a)　　　　　　　　　b)

图 4-36　茶几倒圆角

上机 7　茶几倒斜角

【题目】

打开题库"练习 4-6 倒角练习——倒角的绘制.dwg"，使用倒角等命令在图 4-37a 上编辑绘制成图 4-37b，完成茶几倒斜角的操作，如图 4-37 所示。

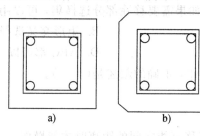

a)　　　　　　　b)

图 4-37　茶几倒斜角

上机 8　吊灯的绘制

【题目】

打开题库"练习 4-7 阵列练习——吊灯的绘制.dwg"，使用阵列等命令在图 4-38a 上编辑绘制成图 4-38b，如图 4-38 所示。

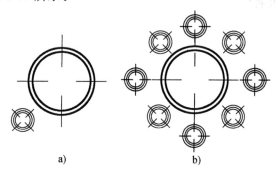

a)　　　　　　　　b)

图 4-38　吊灯的绘制

 理论复习题

【选择题】

1. 确定一条弧线，至少要（　　）数据。

A. 2 个　　　　　　B. 3 个　　　　　　C. 4 个　　　　　　D. 5 个

2. 关于"多段线"的叙述，正确的是（　　）

A. 多段线可以包括圆

B. 多段线的宽度可以为 0，但不能超过长度

C. 多段线占用的磁盘空间通常比同形的一系列直线、弧线小

D. 多段线中各个线段可以被赋予不同的颜色

3. "样条曲线"可以被用于绘制（   ）。

A. 正弦曲线   B. 椭圆   C. 抛物线   D. 地形等高线

4. 如果选择了不该选择的对象，可以将此对象从选择集中移除的是（   ）。

A. 按住 Alt 键，选取需要移除的对象

B. 按住 Shift 键，选取需要移除的对象

C. 按住 r 键，选取需要移除的对象

D. 按住 Ctrl 键，选取需要移除的对象

5. 在执行"拉伸"命令时，如果需要移除部分选择集，可以用（   ）。

A. "捕捉光标"单选   B. 矩形交叉选择框

C. 举行窗口选择框   D. ABC 都可以

6. 对偏移直线的"圆角"操作，正确的叙述是（   ）。

A. 不能操作

B. 以相切的半圆相连

C. 只有在圆角半径等于偏移直线之间的距离时才能操作

D. 只有在偏移直线长度相等时才能操作

【问答题】

1. 用矩形及正多边形命令绘制的图形，其各边是单独的对象吗？请试一试。

2. 画正多边形的方法有几种？

3. 画椭圆的方法有几种？

第5章　图层、对象特性及选项设置

 课前导读

【概述】	图层、对象特性、选项设置都是 AutoCAD 中的主要组织命令，使用这些功能可以更好的组织信息、管理图形				
【技能要求】	✓　能熟练使用图层按功能组织信息以及执行线型、颜色和其他标准 ✓　能利用对象特性及选项设置				
【学习内容】	课堂讲解	【知识点】	基础	重点	难点
		5.1　图层	☑	☑	☑
		5.2　线型与线宽	☑	☑	
		5.3　用对象特性工具条管理图层	☑	☑	☑
		5.4　对象特性管理器	☑	☑	
		5.5　选项设置	☑		
		5.6　查询图形对象信息	☑		☑
	操作实例	实例1　建立图层、设置图层颜色 实例2　设置图层线型、线宽			
	上机训练	上机1　创建图层 上机2　创建图层并修改图形特性 上机3　创建新文件进行属性设置并绘制图形 上机4　测量房间面积			
	理论复习题	选择题 问答题			

 课堂讲解

5.1　图层

图层对于 AutoCAD 的初学者来说，是一个新的概念。在手工绘制工程图中，因为图纸只有一张，根本就没有图层的概念。我们可以把图层想象为没有厚度的透明图纸，层层相叠而放置，如图 5-1 所示。

5.1.1　图层特性管理器

图层是图形中使用的主要组织工具。在设计概念上相关

墙
电气
家具

所有图层

图 5-1　图层

的一组对象（例如墙或标注）可以创建和命名图层，并为这些图层指定通用特性（如线型、颜色及其他标准），并快速有效地控制对象的显示状态。图层的特性管理可以在图层特性管理器中设置。

◆ 调用方式

▭	菜单栏：	"格式"→"图层"
🖱	工具栏：	"图层"→ 🗇
⌨	命令行：	Layer(LA)

◆ 界面

图层特性管理器如图 5-2 所示。

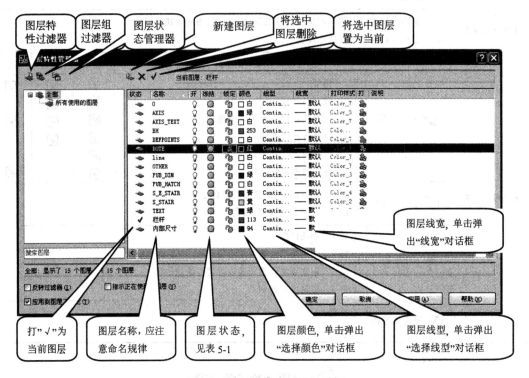

图 5-2　图层特性管理器对话框

在图层线型上单击，将弹出选择线型对话框如图 5-3 所示，此时可选择线型。

图 5-3　选择线型对话框

如果要选择的线型在表中没有列出，可以点击"加载"按钮进入"加载或重载线型"对话框（图 5-4），选择重新加载已有线型或加载新的线型。

图 5-4　加载或重载线型对话框

在图层颜色上单击，弹出选择颜色对话框如图 5-5 所示，此时可选择颜色。

图 5-5　选择颜色对话框

在图层线宽上单击，弹出线宽对话框如图 5-6 所示，此时可选择线宽。

图 5-6　线宽对话框

注：在默认情况下，AutoCAD 在每张新建图形中都提供了一个图层。该图层名称为 0，颜色为白色，线型为实线，线宽为默认值。0 图层既不能被删除也不能被重命名。

5.1.2 创建新图层

单击对话框中的"新建"按钮，将创建一个新图层，应及时对新图层命名，并根据需要指定新图层的颜色、线型。若未能及时命名，系统将默认名称为"图层1"、"图层2"……。

☛注：有计划、有规律地命名图层，将会给修改、管理、出图带来极大的方便。

5.1.3 删除图层

要删除不使用的图层，可以从"图形特性管理器"对话框中选择一个或多个(先按shift或ctrl键再用鼠标点取)图层，然后单击对话框的"删除"按钮。

☛注：能够删除的图层，该图层上必须没有任何实体，否则不能被删除。也可以用清理(Purge)命令来清除空图层和其他未被引用的项(如未被应用的线型、文字等)。

5.1.4 设置当前图层

新生成的实体将被绘制在当前层上，且具有当前层的颜色、线型和线宽。

在"图形特性管理器"对话框中选择某一图层，然后单击对话框上部的"当前"按钮就可以将该图层设置为当前图层。当前图层的图层名会出现在"当前图层"显示行上。

5.1.5 控制图层状态

默认状态下，新创建的图层均为"打开"、"解冻"和"解锁"的开关状态。在绘图时可以根据需要单击相应图标改变图层的开关状态。各种图层开关的功能及差别见表5-1。

表5-1 图层状态

功能与图标	功 能	差 别
关闭💡/打开💡	已关闭图层上的对象不可见，切换图层的开/关状态时，不会重新生成图形	关闭与冻结层上的实体均不可见，区别在于：后者的执行速度比前者快。执行冻结命令后可增加实时缩放、移动图形等命令的执行速度。加锁后可在该层上绘图，但不能编辑该层上的实体
冻结❄/解冻☀	已冻结图层上的对象不可见，解冻图层将导致重新生成图形 注：当前层是不能冻结的	
加锁🔒/解锁🔓	锁定某个图层时，该图层上的所有对象均不可修改，但仍可见，可以将对象捕捉捕获	

5.1.6 控制图层打印开关

如果把某图层的打印开关关闭，则该图层可见但不可打印。比如该图层只包含参考信息或审图意见时，就可以指定该图层不打印。

默认状态下，新建图层的打印开关均为打开状态。如果要指定某图层不打印，可单击"图形特性管理器"对话框中该图层的打印开关。此外，也可以在对象特性工具条中修改图层的打印开关状态。

5.1.7 命名图层过滤器

当用户进行工作的图形有大量图层时，用户可以使用"命名图层过滤器"功能，仅使那些具有共同特性或特征的图层显示在层列表框中。通过图层的设置和"命令图层过滤器"的使用，只须画出一份图形文件，就可以组合出许多需要的图纸，需要修改时也可以针对图层进行。默认情况下，AutoCAD 在图层列表中显示所有的图层。

5.2　线型与线宽

在制图标准中，不同的线型和线宽代表不同的含义，故绘图时应注意进行正确的线型和线宽设置。

5.2.1　线型的加载与设置

线型的加载与设置首先必须调出"线型管理器"对话框或"选择线型"对话框。

1. 线型管理器的调用方式

◆ 调用方式

🖽	菜单栏：	"格式"→"线型"
⌨	命令行：	Linetype

◆ 界面

调用后将弹出线型管理器对话框，如图 5-7 所示。

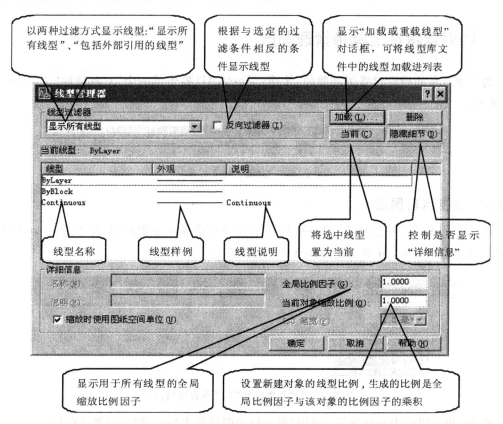

图 5-7　线型管理器对话框

在对话框中的可用线型栏，选择需要加载的线型，确定后返回"线型管理器"对话框，将会发现新加载的线型已经在线型中列出了。

2. 线型比例的设置

在绘制工程图过程中，要使线型规范，除了各种线型搭配要合适外，还必须设置合理的线型比例。线型比例值如果设置不合理，就会造成虚线、点划线的长短、间隔过大或过小，常常还会使虚线和点划线显示的结果是实线。

☛注：线型比例需要借助图形界限来参照计算，计算方法为：图形界限/模板默认界限。例如若当前图形界限为 4000×3000，图形模板为 acadiso. dwt，其默认界限为 420×297，二者对应相除后取中间值约为 10，则全局比例为 10 即可正确显示线型。

5.2.2 线宽

在线宽对话框(图 5-6)中可以用线宽给实体添加宽度，以表示图形的不同含义。

AutoCAD 操作界面最下方状态行中的 线宽 按钮(图 5-8)控制图形中是否显示线宽，该按钮按下时在图形中将会显示出设置的线型的宽度，否则图形中不显示线宽。

图 5-8　状态行中的线宽显示状态

5.3　用对象特性工具条管理图层

为了使对象的特性设置更加简便、快捷，AutoCAD 提供了一个"对象特性"工具条，如图 5-9 所示。

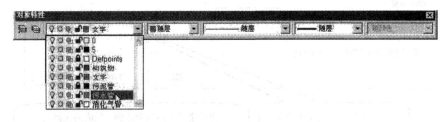

图 5-9　对象特性工具条

5.3.1 设置当前图层

如图 5-10 所示，在工具条"图层列表"下拉菜单中选择一个图层(如污水管)，点击后该图层将被设置为当前层，并显示在工具条的图层窗口上。

图 5-10　用"对象特性"工具条设置当前层

☛注：也可以选中一对象后，使用"把对象的图层置为当前"按钮设置当前层。

5.3.2 控制图层开关

在"对象特性"工具条中，可以改变该图层的开关状态，如冻结/解冻、加锁/打开等(图 5-11)。

图 5-11　用"对象特性"工具条改变图层的开关状态

5.3.3　设置当前实体颜色

在"对象特性"工具条中，可以在下拉列表选择当前实体颜色，如图 5-12 所示。

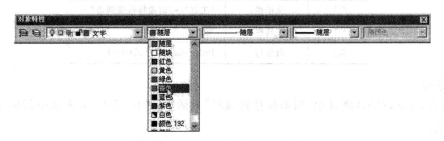

图 5-12　用"对象特性"工具条设置当前实体的颜色

5.3.4　设置当前实体线型

在"对象特性"工具条中，可以在下拉列表选择当前实体线型，如图 5-13 所示。

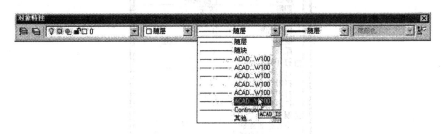

图 5-13　用"对象特性"工具条设置当前实体的线型

❤注：单击"其他"选项，将弹出"线型管理器"对话框。

5.3.5　设置当前实体线宽

在"对象特性"工具条中，可以在下拉列表选择当前实体线宽，如图 5-14 所示。

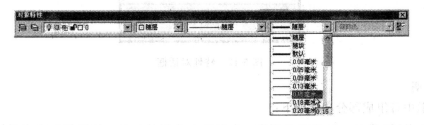

图 5-14　用"对象特性"工具条设置当前实体的线宽

5.4 对象特性管理器

在 AutoCAD 中，对象特性（Properties）是一个比较广泛的概念，即包括颜色、图层、线型等通用特性，也包括各种几何信息，还包括与具体对象相关的附加信息，如文字的内容、样式等。

如果用户想访问特定对象的完整特性，则可以通过"Properties（特性）"窗口来实现，该窗口是查询、修改对象特性的主要手段。

◆ 调用方式

▭	菜单栏：	"工具"→"对象特性管理器"
✍	工具栏：	▨
⌨	命令行：	Properties(CH)、Ctrl＋1

◆ 界面

调用后，AutoCAD 将弹出"图形特性管理器"对话框，如图 5-15 为未选中任何对象的"特性"对话框。

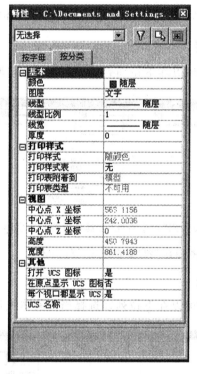

图 5-15 特性对话框

◆ 说明

对话框中各组成部分功能如下：

无选择 ▾：选定对象列表，分类显示选定的对象，并用数字来表示同类对象的个数，如"圆（2）"表示同时选定了两个圆。图 5-15 中显示"未选择"。

：快速选择按钮，单击该按钮可弹出"快速选择"对话框。

：选择对象按钮，单击该按钮后进入选择状态，这时可在绘图窗口选择特定对象。

按字母　按分类：两种排序方式，分为"按字母"和"按分类"。

特性条目：显示并设置特定对象的各种特性。根据选定对象的不同，特性条目的内容和数量也有所不同。

说明栏：显示选定特性条目的说明。

注："特性"命令可透明地使用，即它可以在其他命令执行的时候使用。

5.5 选项设置

当用户安装好 AutoCAD 后，就可以开始画图了。但是，许多用户可能对绘图环境的设置不是很满意，如绘图区的颜色是黑色背景，希望选择其他颜色，如白色。用户可以通过选项进行自定义设置，使绘图者在更良好的环境中工作。

◆ 调用方式

	菜单栏：	"工具"→"选项"
	命令行：	Options

◆ 界面

调用后弹出选项设置对话框，如图 5-16 所示。

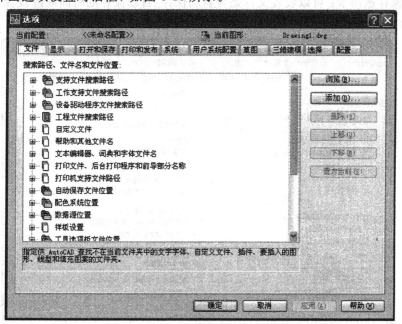

图 5-16   选项设置对话框

◆ 说明

选项设置对话框共计有 10 个选项卡对环境各方面的设置，通常涉及以下几个选项卡：

文件选项卡：查看或调整（包括增加、删除或顺序调整等）各种文件的路径。

显示选项卡：用于设置 AutoCAD 的窗口特性、布局特性、显示分辨率和显示性能等，通常可根据需要在此设置背景颜色、显示精度等，如图 5-17 所示。

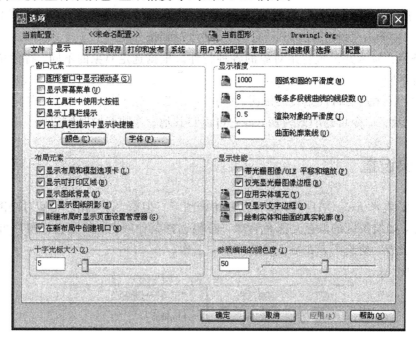

图 5-17　显示选项卡

打开和保存选项卡：可以设置文件是否自动保存、自动保存的时间间隔及保存的格式，如图 5-18 所示。

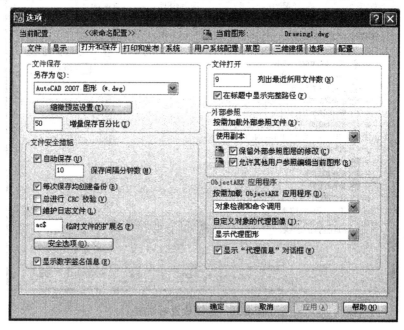

图 5-18　打开和保存选项卡

用户系统配置选项卡：控制优化工作方式的选项，可根据习惯在此配置右键功能，如图 5-19 所示。

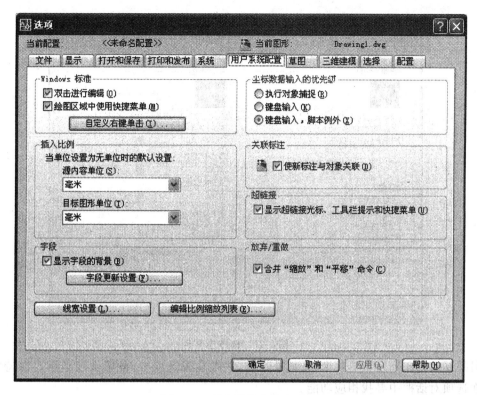

图 5-19　用户系统配置选项卡

草图选项卡：可在此设置多个与编辑功能有关的选项（包括自动捕捉和自动追踪），通常应注意自动捕捉标记大小和靶框大小，如图 5-20 所示。

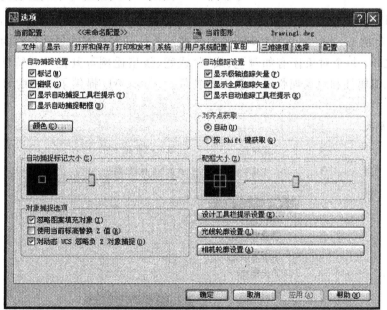

图 5-20　草图选项卡

选择选项卡：可在此设置选择对象的相关选项，通常应注意拾取框大小和夹点大小，如图 5-21 所示。

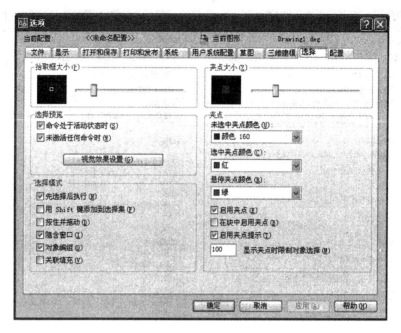

图 5-21　选择选项卡

　　另外还有打印和发布选项卡、系统选项卡、三维建模选项卡、配置选项卡用户在特定需求时可在选项对话框中寻找相应功能。

5.6　查询图形对象信息

　　AutoCAD 图形是由许多对象组成的，每一个对象都有自己的特性。例如，直线有长度、端点特性，圆有圆心、半径或直径特性，所有这些对象尺寸和位置的属性被称为几何属性。除了几何属性之外，每个对象还有如颜色、线型、线宽、线型比例等其他一些特性，称为对象属性。实体的几何属性和对象属性合称为对象特性。AutoCAD 提供了丰富的对象信息查询方法。

　　◆　调用方式

▭	菜单栏：	"工具"→"查询"（图 5-22a）
🖱	工具栏：	"查询"工具栏（图 5-22b）

a)　　　　　　　　　　b)

图 5-22　查询命令子菜单和工具栏

　　用户在对图形进行编辑的过程中，要经常查看、修改或参照（如用格式刷命令）这些对象的对象特性。建筑装饰 AutoCAD 绘图时通常会用到以下几种信息查询：

5.6.1　距离

　　用于测量两点间的距离，使用该命令时，应使用对象捕捉以使测量结果精确。

　　◆　调用方式

	菜单栏：	"工具"→"查询"→"距离"
	工具栏：	
	命令行：	Dist

　　◆　应答界面

　　启动命令后，命令行将显示如下提示信息：

命令：_Dist ↙	启动命令
指定第一点：	用鼠标选取一点作为距离测量的起始点
指定第二点：	用鼠标选取一点作为距离测量的结束点
距离＝242.7， XY 平面中的倾角＝36，与 XY 平面的夹角＝0 X 增量＝196.8，Y 增量＝142.0，Z 增量＝0.0	显示测量结果：距离、倾角、坐标增量等

5.6.2　面积

　　建筑装饰中经常需要面积信息，面积命令用于测量对象及所定义面域的面积和周长。

　　◆　调用方式

	菜单栏：	"工具"→"查询"→"面积"
	工具栏：	
	命令行：	Area

　　◆　应答界面

　　用户可以通过拾取点来测量面积，多点之间可以不定实际存在连接，且最后一点和第一点形成封闭区域，对封闭对象如多义线、圆、椭圆和矩形等，也可以选用对象（Object）选项。启动命令后，命令行将显示如下提示信息：

命令：_Area ↙	启动命令
指定第一个角点或［对象(O)/加(A)/减(S)］：	选择对象或指定面域边界第一点
指定下一个角点或按 ENTER 键全选：	指定面域边界第二点
指定下一个角点或按 ENTER 键全选：	指定面域边界第三点
指定下一个角点或按 ENTER 键全选：↙	继续指定点直至结束定义边界
面积＝3730.9423，周长＝245.5090	显示测量结果：面积和周长

　　◆　命令说明

　　对象［O］：选择封闭对象如多义线、圆、椭圆和矩形等作为测量的区域。

　　加［A］：表示对面积进行累加，选用该命令后，只要不退出面积测量命令，面积值总是处于累积状态。

减[S]：表示对面积进行减法运算，选用该命令后，只要不退出面积测量命令，面积值总是处于相减状态，且是上次结果减去本次结果。

☛注：List命令也能计算并显示多义线、圆、椭圆和矩形等的面积和周长。

5.6.3 状态

状态(Status)命令可以显示当前图形的模型空间图形界限、显示范围、捕捉分辨率、栅格间距、各种辅助功能设置值、图形的当前状态值和可用图形磁盘空间大小等。

◆ 调用方式

▭	菜单栏：	"工具"→"查询"→"状态"
⌨	命令行：	Status

◆ 应答界面

调用后将报告当前图形的详细状态信息，如图5-23所示。

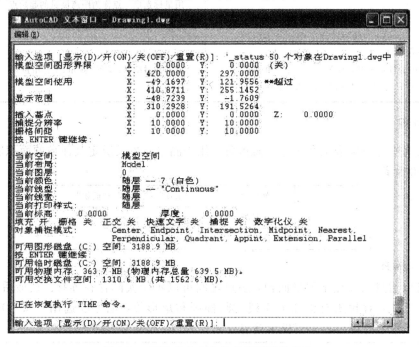

图5-23 用状态命令查询的某图形的信息

除以上建筑装饰绘图中常用的几种查询外，AutoCAD还提供了点坐标、列表、时间、质量特性等信息查询方式，用户可根据需要调用。

▭ 操作实例

实例1 建立图层、设置图层颜色

【题目】

新建一个图形，并建立三个图层，分别命名为"中心线"、"虚线"和"实线"，并设"中心线"图层为红色，"虚线"图层为蓝色，"实线"图层颜色为"随层"。如图5-24图层所示。

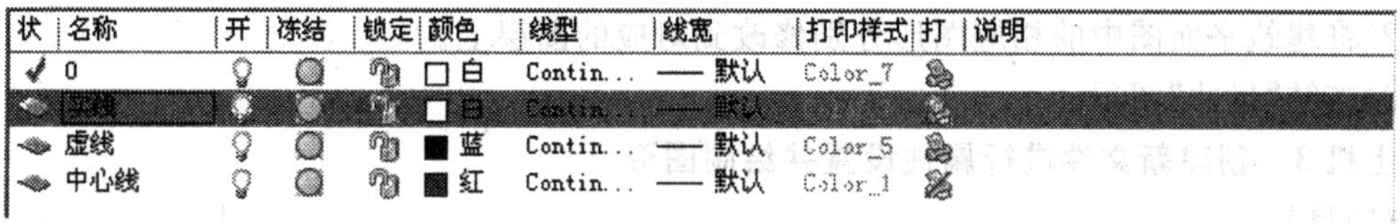

状	名称	开	冻结	锁定	颜色	线型	线宽	打印样式	打	说明
✔	0	💡	◎	◎	□白	Contin...	—— 默认	Color_7	🖨	
◀	实线	💡	◎	◎	□白	Contin...	—— 默认	Color_5	🖨	
◀	虚线	💡	◎	◎	■蓝	Contin...	—— 默认	Color_5	🖨	
◀	中心线	💡	◎	◎	■红	Contin...	—— 默认	Color_1	🖨	

图 5-24　图层

【操作步骤】

Step 1. 在工具栏中单击"新建"按钮，打开"新建图形"对话框，单击"确定"。

Step 2. 单击"格式"→"图层"，打开"图层特性管理器"对话框。

Step 3. 单击"新建"，修改图层名为"中心线"。

Step 4. 重复 step3 建成"虚线"及"实线"图层。

Step 5. 单击"中心线"图层的颜色图标，打开"选择颜色"对话框。选择"紫色"，单击"确定"。

Step 6. 重复 step5 为"虚线"及"实线"图层设置颜色。

Step 7. 保存为"实例 5-1 图层设置.dwg"

实例 2　设置图层线型、线宽

【题目】

分别为以上三个图层设置线型，并为"实线"图层指定线宽为 0.30mm，设置"实线"图层为当前图层。

【操作步骤】

Step 1. 打开"实例 5-1 图层设置.dwg"，并打开"图层特性管理器"对话框，在对话框中单击"中心线"图层的线型图标，打开"选择线型"对话框。

Step 2. 单击"加载"按钮，打开"加载或重载线型"对话框。

Step 3. 在对话框中选择"Center"线型并单击"确定"。

Step 4. 重复 step2、step3 分别为"虚线"和"实线"图层设置线型。

Step 5. 单击"实线"图层的线宽图标，打开"线宽"对话框，选择 0.30mm，单击"确定"。

Step 6. 在"图层特性管理器"对话框中，选中"实线"图层，单击"当前"按钮。

Step 7. 保存为"实例 5-2 图层设置.dwg"

🍸 上机训练

上机 1　创建图层

【题目】：新建一个图形，并建立以下九个图层，分别命名为"轴线"、"柱子"、"墙体"、"门窗"、"文本"、"标注"、"家具"、"电路"、"水路"，分别为其指定不同颜色；并设"轴线"图层线型为中心线，其余图层为实线；为"墙体"图层指定线宽为 0.30mm，其余图层为默认线型；设置"轴线"图层为当前图层。

上机 2　创建图层并修改图形特性

【题目】

打开题库文件"练习 5-1 图层的设置和管理"进入绘图界面要求。

1)创建以下图层：

墙体	白色	Continuous	0.7
柱子	黄色	Continuous	默认

2)将建筑平面图中的相应图形分别修改到对应的图层上。

3)冻结"尺寸"图层。

上机3 创建新文件进行属性设置并绘制图形

【题目】

创建新文件,完成行属性设置并绘制图形,如图 5-25 所示。

设图形范围 2970×2100,左下角为(0,0),栅格距离为 100,光标移动间距为 50,将显示范围设置得和图形范围相同。长度单位和角度单位都采用十进制,精度为小数点后 2 位。设新层 L1,线型为 Center,颜色为红色,0 层颜色为蓝色,线型为默认值。在 L1 层上绘制中心线。在 0 层上绘出梯形台柱的主视图和俯视图,要求主视图和俯视图尺寸比例正确,调整线型比例,使中心线有合适的显示效果。

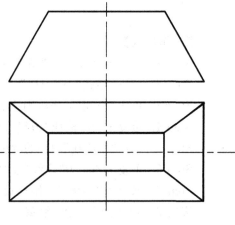

图 5-25 平面图

上机4 测量房间面积

【题目】

打开题库文件"练习 5-2 面积测量.dwg",将图 5-26 中各房间的面积测量出来并注写在各房间标签文字的下方。

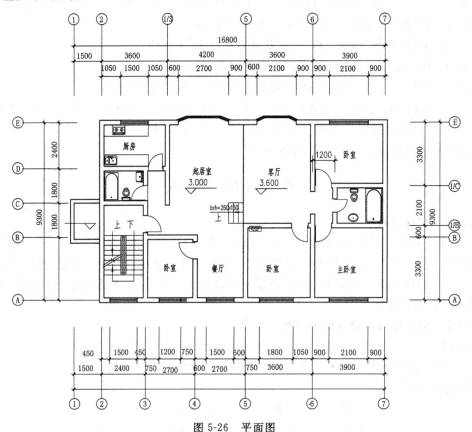

图 5-26 平面图

理论复习题

【选择题】

1. 图层的层名既不能被删除，也不能重命名的是（   ）。

A. 标准　　　　　　　　B. 默认　　　　　　　　C. 0　　　　　　　　D. 未命名

2. 能够被删除的图层是（   ）。

A. 不使用的层　　　　　　　　　　　　B. 图层上没有任何实体的

C. 依赖外部参照的图层　　　　　　　　D. 可以是当前层

3. 被加锁的图层（   ）。

A. 该层的全部实体消失不见

B. 图层被加锁后可以增加实时缩放、移动图形等命令的执行速度

C. 可以是当前层

D. 加锁后图形可见且可以编辑该层已有实体

E. 加锁后图形可见但不可以在该层上绘图

4. 颜色的选择可以通过下列选项中除（   ）外操作。

A. 直接输入颜色名称　　　　　　　　B. 直接输入颜色标号

C. 随机生成　　　　　　　　　　　　D. 直接在对话框中的颜色上点取

5. 关于线型比例的设置说法错误的是（   ）。

A. 输入 Ltscale 在命令行输入新的数值

B. 输入 Linetype 在对话框下部设置

C. 线型比例值的多少对线型的显示结果没有任何影响

D. 在模型空间中，某一对象的线型比例＝整体比例×当前实体线型比例

6. 关于"图层"工具条下列说法正确的是（   ）。

A. 利用 按钮设置当前层时必须先选择实体才能点击该按钮

B. 可以在"图层列表"下拉菜单中，改变图层的打开/关闭、冻结/解冻、加锁/打开状态

C. 在"颜色"、"线型"和"线宽"下拉菜单中，改变相关内容会改变图层的随层设定值

D. 在"颜色"、"线型"和"线宽"下拉菜单中，改变相关内容后，绘制实体的信息（颜色、线型等）仍然是随层的（颜色、线型等）设定值

【问答题】

1. 利用"命名图层过滤器"对图层有什么功能？举例说明它的使用场合。

2. "对象特性"命令有哪些主要功能？

3. "选项"设置中的文件保存版本、自动保存时间和显示分辨率等分别如何设置？

第6章　创建复杂图形对象

课前导读

【概述】	AutoCAD中的"块"、"等分"、"填充"、"面域"等命令能很轻松的解决制图中的复杂图形。			
【技能要求】	✓熟练掌握线段等分方法 ✓熟练掌握图形填充方法 ✓熟练掌握块的创建及使用方法 ✓能创建及使用块属性			

【学习内容】		【知识点】	基础	重点	难点
	课堂讲解	6.1　等分线段	☑	☑	
		6.2　图案填充	☑	☑	
		6.3　边界和面域	☑		☑
		6.4　块	☑	☑	
		6.5　块属性	☑		☑
		6.6　外部参照			
	操作实例	实例1　为会议桌配置椅子 实例2　地面拼花图案的绘制			
	上机训练	上机1　绘制几何图形 上机2　绘制尺子刻度 上机3　楼梯的填充 上机4　用面域运算法绘制窗框 上机5　创建门块并插入块 上机6　创建带属性的标高块和轴号块			
	理论复习题	选择题 问答题			

课堂讲解

6.1　等分线段

　　AutoCAD中，可分为对图线进行等分定数等分和定距等分两种方法，在等分点处不仅可以插入点作为标记，也可以插入图块。

6.1.1　定数等分

　　将所选对象等分为指定数目的相等长度。

◆ 调用方式

	菜单栏：	"绘图"→"点"→"定数等分"
	命令行：	DIVIDE

◆ 应答界面

命令：_divide	启动命令
选择要定数等分的对象：	指定要等分的对象
输入线段数目或［块(B)］：	输入要等分的数目，输入 B 将提示指定一个块名，等分后将在每个等分点处插入该块

6.1.2 定距等分

将点或块沿对象的长度或周长等间隔排列

◆ 调用方式

	菜单栏：	"绘图"→"点"→"定距等分"
	命令行：	MEASURE

◆ 应答界面

命令：_measure	启动命令
选择要定数等分的对象：	指定要等分的对象
指定线段长度或［块(B)］：	输入等分间距，输入 B 将提示指定一个块名，等分后将在每个等分点处插入该块

☜注：默认情况下，等分操作将在等分处插入点标记，一般情况下无法看到点标记，原因是由于点样式默认设置将点设为一个小点，被等分对象覆盖而无法看到，但点是实际存在的，可用包含窗口选出或用节点捕捉获取点的位置。

☜注：等分命令中有个块的选项 B，使用该选项可以在每个等分点处插入指定的块，这样在等分处将出现块图形而不是点。手工绘图时往往需要将对象用几何方法等分，然后在等分点处绘制图形标记，已用等分命令的块功能上述工作则可以一次性完成。

6.2 图案填充

在建筑及装饰图中往往需要对图形中的特定区域填充指定的图案，从而表达该区域的特征，如铺地材料、墙体特征等，这种操作在 AutoCAD 中称为图案填充。

◆ 调用方式

	菜单栏：	"绘图"→"图案填充"
	工具栏：	
	命令行：	Hatch(H)

◆ 应答界面

调用图案填充命令后，弹出图案填充对话框，如图 6-1 所示。

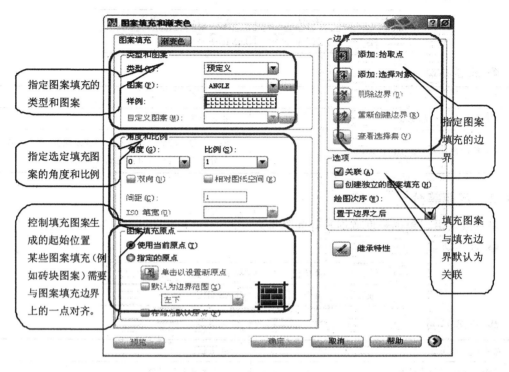

图 6-1　图案填充对话框

◆ 实例

【题目】

基础轮廓已给出，选择合适图案及比例给基础填充图案，如图 6-2 所示。

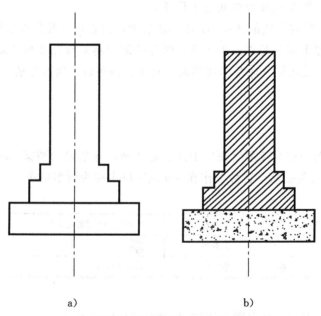

a)　　　　　　　　　　　b)

图 6-2　基础填充图案前后

【操作步骤】

Step 1. 打开"给基础填充图案.dwg",如图 6-3a 所示。

Step 2. 执行"图案填充"命令,打开填充对话框,选择图案和设置比例如下:

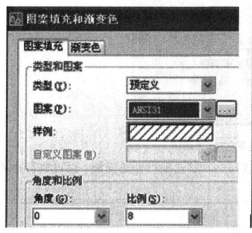 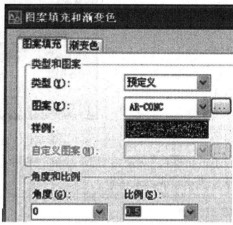

a)   b)

图 6-3   选择填充图案和设置比例

Step 3. 分别在图形上半部和下半部单击,以拾取点方式查找边界,确定后完成填充,如图 6-3b 所示。

6.3   边界和面域

在建筑图形的绘制中,当图形边界比较复杂时,可以由某些对象围成的封闭区域转换为面域,再通过面域对象的布尔运算来构成图形。

面域是具有边界的二维封闭区域,内部可以包含孔,它是一个平面对象,具有物理特性(例如形心或质量中心),可以通过结合、减去或查找面域的交点创建组合面域,即面域的布尔运算。

6.3.1   边界与面域

在 AutoCAD 中,可以由某些对象围成的封闭区域转换为面域,这些封闭区域可以是圆、椭圆、封闭的二维多段线和封闭的样条曲线等对象,也可以是由圆弧、直线、二维多段线、椭圆弧、样条曲线等对象构成的封闭区域。

◆ 调用方式

▢	菜单栏:	"绘图"→"边界"、"绘图"→"面域"
⌨	命令行:	BOUNDARY、REGION

◆ 应答界面

执行边界命令后,弹出边界创建对话框如图 6-4 所示。

图 6-4 "边界创建"对话框

上述对话框在"对象类型"下拉列表框中选择"面域"选项可创建面域，也可执行边界命令，命令行将显示如下提示信息：

命令：_region	启动命令
选择对象：找到 1 个	选择对象
选择对象：找到 1 个，总计 2 个	选择对象
选择对象：	继续选择对象，直至回车结束选择
已拒绝 1 个闭合的、退化的或未支持的对象 已提取 1 个环	提示信息
已创建 1 个面域	完成面域创建

☛注：因为圆、多边形等封闭图形属于线框模型，而面域属于实体模型，因此它们在选中时表现的形式也不相同。

6.3.2 面域的布尔运算

在 AutoCAD 中，使用"修改"|"实体编辑"子菜单中的相关命令，可以对面域进行以下布尔运算，如图 6-5 所示。

并集：可将选择的面域合并为一个图形。

差集：使用一个面域减去另一个面域。

交集：创建多个面域的交集即各个面域的公共部分。

图 6-5 面域的布尔运算

☛注：布尔运算的对象只包括实体和共面的面域，对于普通的线条图形对象无法使用布尔运算。

◆ 调用方式

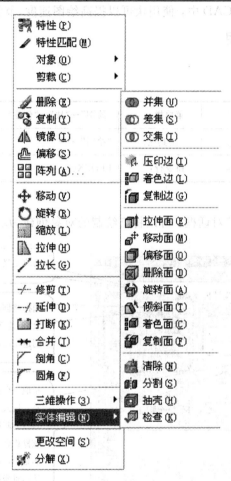	菜单栏：	"修改"→"实体编辑"(图 6-6)
	工具栏：	"实体编辑"(图 6-7)
	命令行：	UNION、SUBTRACT、INTERSECT

图 6-6　"实体编辑"菜单栏

图 6-7　"实体编辑"工具栏

6.4　块

6.4.1　块的概念

在设计绘图时，经常需要多次重复绘制一些相同或相似的图形或符号，在 AutoCAD 中可以将这些对象制作成块，需要时直接调用插入即可，大大提高了绘图效率，避免重复绘制相同的图形而占用大量的时间，而且便于统一修改。

块是一个或多个对象组成的对象集合，常用于绘制复杂、重复的图形。一旦一组对象组合成块，就可以根据作图需要将这组对象插入到图中任意指定位置，而且还可以按不同的比例和旋转角度插入。在 AutoCAD 中，使用块可以提高绘图速度、节省存储空间、便于修改图形。

6.4.2　块的创建和使用

1. 创建块

◆ 调用方式

▢	菜单栏：	"绘图"→"块"→"创建"
🖱	工具栏：	"绘图"→🔲
📟	命令行：	BLOCK（B）

◆ 应答界面

调用后将打开"块定义"对话框，可以将已绘制的对象创建为块，如图 6-8 所示。

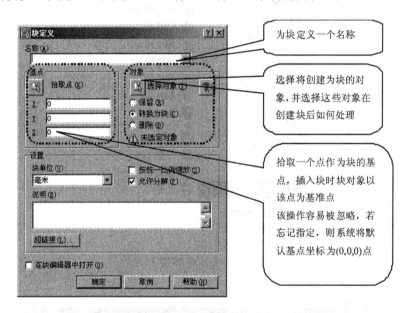

图 6-8　创建块对话框

2. 插入块

◆ 调用方式

🖱	工具栏：	"绘图"→🔲
📟	命令行：	insert）

◆ 应答界面

将打开"插入块"对话框，可以通过浏览找到已创建的块，指定位置插入，并可设定缩放比例及旋转角度，如图 6-9 所示。

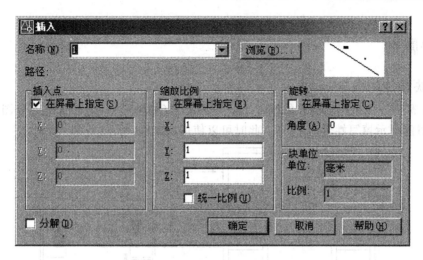

图 6-9　插入块对话框

3．块存储为单独文件

块可以在当前图形存储和调用。在文件中需要调用到其他文件中的块，也可以在设计中心进行这种操作，但并不方便。常用的块可以存储为单独文件，便于其他文件快速调用。

◆ 调用方式

⌨	命令行：	WBLOCK(B)

◆ 应答界面

将块存储为文件，在操作上要注意给块指定一个恰当的文件名，并将块文件存储于指定的文件夹（图 6-10）。

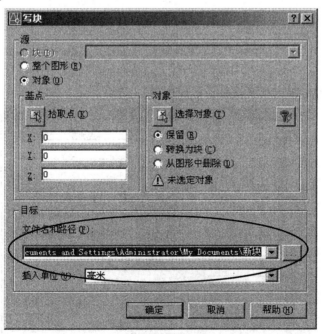

图 6-10　存储块对话框

6.5 块属性

6.5.1 块属性的概念

有时,需要在图上标示构件的编号、型号、注释等(如轴号),或者制作一个图框的块,希望在插入时能提示填写姓名、日期等,此时可以使用块属性,如图 6-11 所示。

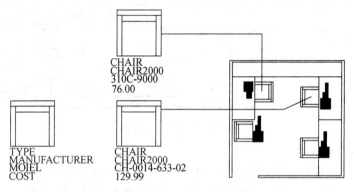

CHAIR
CHAIR2000
310C-9000
76.00

TYPE
MANUFACTURER
MOIEL
COST

CHAIR
CHAIR2000
CH-0014-633-02
129.99

图 6-11　标示构件的编号、型号、注释等

属性是将数据附着到块上的标签或标记,是附属于块的非图形信息,是块的组成部分。在定义一个块时,属性必须预先定义后才创建块。通常属性用于在块的插入过程中进行自动注释。

6.5.2 块属性的创建和使用

◆ 调用方式

	菜单栏:	"绘图"→"块定义"→"块属性"
	命令行:	attdef

◆ 应答界面

调用块属性命令,弹出块属性对话框如图 6-12 所示。

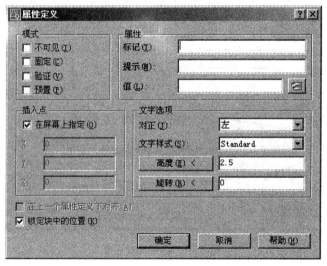

图 6-12　"块属性"对话框

6.6　外部参照

6.6.1　概念

有时需要调用其他设计图形，又希望及时同步其所做的修改，（如水电设计需要及时获知结构设计的变更），此时可以使用外部参照，从而实现通过在图形中参照其他用户的图形而协调用户之间的工作。

以外部参照方式将图形插入到某一图形（称为主图形）后，被插入图形文件的信息并不直接加入到主图形中，主图形只是记录参照的关系。例如，参照图形文件的路径等信息。另外，对主图形的操作不会改变外部参照图形文件的内容。当打开具有外部参照的图形时，系统会自动把外部参照图形文件重新调入内存并在当前图形中显示出来。

🖊注：外部参照与块有相似的地方，但它们的主要区别是：一旦插入了块，该块就永久性地插入到当前图形中，成为当前图形的一部分。附着的外部参照链接至另一图形，并不真正插入。因此，使用外部参照可以生成图形而不会显著增加图形文件的大小。

6.6.2　外部参照的使用

◆ 调用方式

🗀	菜单栏：	"外部参照"
🖱	工具栏：	📁
⌨	命令行：	Xattach

🖊注：在 AutoCAD 2007 中新增了插入 DWG、DWF、DGN 参考底图的功能，该类功能和附着外部参照功能相同，用户可以在"插入"菜单中选择相关命令。

◆ 应答界面

调用外部参照命令后，弹出外部参照面板，面板列出已参照的文件，单击选中后还将提示其详细信息，如图 6-13 所示：

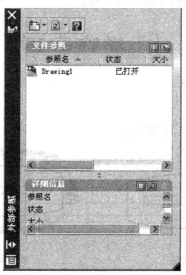

图 6-13　外部参照面板

单击左上角附着 dwg 按钮，弹出选择参照文件对话框，如图 6-14 所示。

图 6-14　选择参照文件对话框

浏览找到将参照的文件，单击打开按钮确定，弹出外部参照对话框，如图 6-15 所示。

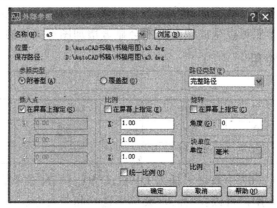

图 6-15　外部参照对话框

注：选择"开始"|"程序"| Autodesk | AutoCAD 2007 |"参照管理器"命令，打开"参照管理器"窗口，可以在其中对参照文件进行处理。

 操作实例

实例 1　为会议桌配置椅子

【题目】

为会议桌配置椅子，如图 6-16 所示。

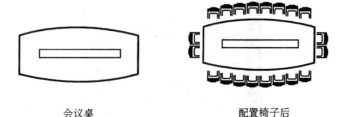

会议桌　　　　　　　　　　配置椅子后

图 6-16　为会议桌配置椅子

【操作步骤】

Step 1. 打开"实例 6-1 会议桌.dwg"文件，如图 617 所示。

图 6-17　会议桌布置前

Step 2. 将会议桌左边和下边使用偏移命令偏移 50，作为辅助线，如图 6-18 所示。

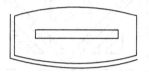

图 6-18　绘制辅助线

Step 3. 选择"绘图"→"点"→"定数等分"命令，应答如下：

命令：DIVIDE	启动命令
选择要定数等分的对象：	选择底部圆弧
输入线段数目或［块(B)］：B	输入 B，调用"块［B］"选项
输入要插入的块名：yizi	输入图库中椅子的块名 yizi
是否对齐块和对象？［是(Y)/否(N)］＜Y＞：	输入 Y，对齐块
输入线段数目：9	输入分段数目为 9，排列 9 张椅子
命令：DIVIDE	启动命令
选择要定数等分的对象：	选择左边圆弧
输入线段数目或［块(B)］：B	输入 B，调用"块［B］"选项
输入要插入的块名：yizi	输入图库中椅子的块名 yizi
是否对齐块和对象？［是(Y)/否(N)］＜Y＞：	输入 Y，对齐块
输入线段数目：2	输入分段数目为 2，排列 2 张椅子

Step 4. 单击镜像按钮，选择会议上所有的椅子，将其沿会议桌的中心线进行镜像处理，然后删除会议桌的两条辅助线，如图 6-19 所示。

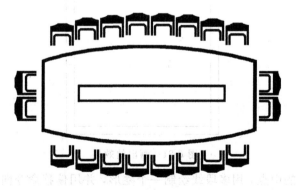

图 6-19　会议桌布置完成

实例2 地面拼花图案的绘制

【题目】

绘制地面拼花图案，如图 6-20 所示。

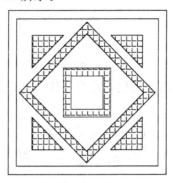

图 6-20 地面拼花

【操作步骤】

Step 1. 绘制辅助矩形。启动对象追踪及对象捕捉（设置为中点捕捉）。绘制矩形，并向内偏移，过程如下：

命令：_rectang	启动矩形命令
指定第一个角点或［倒角(C)/标高(E)/圆角(F)/厚度(T)/宽度(W)］：	在屏幕上指定任意点做为矩形的一个角点
指定另一个角点或［尺寸(D)］：@200,200	在命令行上输入@200,200
命令：	回车结束矩形绘制
命令：_offset	启动偏移命令
指定偏移距离或［通过(T)］<1.0000>：10	在命令行上输入10
选择要偏移的对象或 <退出>	选择矩形作为偏移的对象
指定点以确定偏移所在一侧：	单击矩形内侧作为偏移的方向

画出的图形如图 6-21 所示。

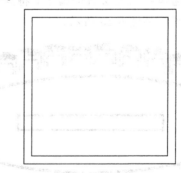

图 6-21 画出的效果

捕捉大矩形各边的中点，用多段线绘制一个菱形，并用偏移命令向内偏移 10 个单位，画出的图形如图 6-22 所示。

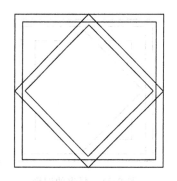

图 6-22 画出的菱形

将大的矩形再向内偏移 30 个单位，如图 6-23 所示。

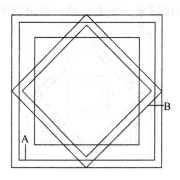

图 6-23 偏移后的图形

Step 2. 创建面域，单击面域按钮，命令行显示提示信息如下：

命令：_region	启动面域命令
选择对象：指定对角点：找到 2 个	选择要图示矩形 A 和菱形 B
选择对象：	按回车结束选择
已提取 2 个环。 已创建 2 个面域。	面域创建完成

Step 3. 对面域进行布尔运算操作，选择菜单栏中的"修改"→"实体编辑"→"差集"命令，命令行显示提示信息如下：

命令：_subtract 选择要从中减去的实体或面域...	启动布尔差集命令
选择对象：找到 1 个	选择正方形 A
选择对象：	按回车结束任务
选择要减去的实体或面域..	选择菱形 B
选择对象：找到 1 个	提示信息
选择对象：	按回车结束任务

画出的图形如图 6-24 所示。

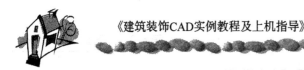

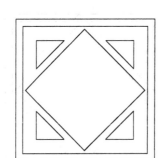

图 6-24   画出的图形

Step 4. 填充图案。

利用偏移命令将菱形 C 向内偏移 10 个单位，将最内侧的正方形分别向内偏移 70、80 个单位。单击填充按钮，选择填充的区域做为填充对象。画出的图形如图 6-25 所示。

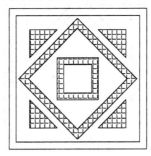

图 6-25   填充后的图形

Step 5. 单击"标准"工具栏中的按钮，保存文件。

上机训练

上机 1   绘制几何图形

【题目】

按要求绘制几何图形

1. 过点 A(35，115)和点 B(165，210)作直线 AB，点 C 和点 D 将直线 AB 分成三等分，分别以 C、D 为圆心作圆，使两圆相切于直线 AB 的中点。

2. 以点 C(95，145)作一半径为 50 的圆，作 5 个半径为 10 的小圆，将半径为 50 的大圆分成五等分。

3. 以点(90，160)为圆心，作一半径为 60 的圆，在圆周上均匀作出 8 个边长为 10 的正方形，且正方形的中心点落在圆周上。

4. 绘制一个外接圆半径为 100 的五角星图形。

上机 2   绘制尺子刻度

【题目】

打开题库文件"练习 6-1 定距等分练习——绘制尺子刻度"，如图 6-26a 所示，使用定距等分方法绘制尺子刻度，结果如图 6-26b 所示。

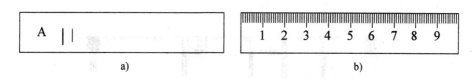

图 6-26　绘制尺子刻度

上机 3　楼梯的填充

【题目】

打开题库文件"练习 6-2 填充练习——楼梯的填充"，对楼梯进行填充，如图 6-27 所示。

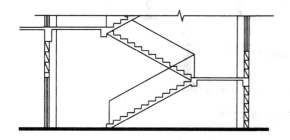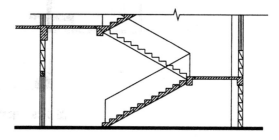

图 6-27　楼梯填充前后

上机 4　用面域运算法绘制窗框

【题目】

打开题库文件"练习 6-3 布尔练习——窗框的绘制.dwg"，使用面域、布尔运算等方法将图 6-28a 改成图 6-28b。

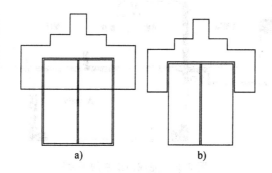

a)　　　　　　b)

图 6-28　使用面域运算方法绘制窗框

上机 5　创建门块并插入块

【题目】

打开题库文件"练习 6-4 创建门块练习.dwg"，如图 6-29 所示，创建门的块并插入到门洞处，完成后如图 6-30 所示。

图 6-29   未插入门的平面图

图 6-30   完成门绘制的平面图

上机 6   创建带属性的标高块和轴号块

【题目】

打开题库文件"练习 6-5 属性块练习.dwg",创建带属性的标高块和轴号块,并在图形中插入,结果如图 6-31 所示,要求插入块时能询问标高值或轴号值。

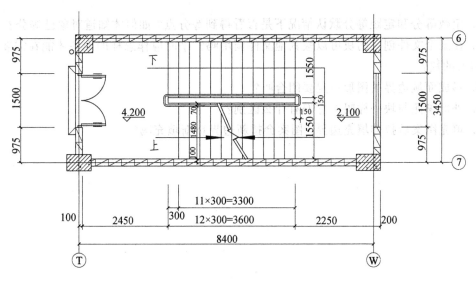

图 6-31　插入带属性的标高块和轴号块

理论复习题

【选择题】

1. 要使块无条件地接受插入时的制图环境，读者应该(　　)。

A. 利用 Byblock 创建组成块的对象

B. 在 0 图层中创建组成块的对象

C. 块在任何时候都无条件地接受插入时的制图环境，所以读者不需要特别注意什么

D. 块在任何时候都不接受插入时的制图环境，所以读者怎么做都没用

2. 如果一个块的属性标记为 A，提示为"输入轴线号"，属性默认值为 1，属性值为 B。此块若被分解，该属性显示为(　　)。

A. A　　　　　　　　B."输入轴线号"　　　　C. 1　　　　　　　　D. B

3. 绘制直尺刻度，最快捷的方法是运用(　　)。

A. 复制命令　　　　B. 阵列命令　　　　　　C. 定距等分　　　　D. 定数等分

4. 填充的"关联"是指(　　)。

A. 同一图形文件中不同填充之间相互关联

B. 填充区域与出图比例的关联

C. 填充图案与填充区域的关联

D. 填充图案与出图比例的关联

5. 下列对象中，不能被"分解"命令分解的是(　　)。

A. 面域　　　　　　B. 多段线　　　　　　　C. 样条曲线　　　　D. 尺寸标注

【问答题】

1. 在"图案填充和渐变色"对话框的"角度"文本框中设置的角度是剖面线与 X 轴的夹角吗？

2. 能否创建一个标高的块，在插入该标高块时会及时提示输入标高数值？

3. 定数等分和定距等分默认情况下是否看得到等分点？如何才知道对象已等分？

4. 在某个文件创建的块可以被其他文件调用吗？平时应作怎样的准备才能在需要时快速找到需要的块？

5. 形成面域边界的图形一定要闭合吗？

6. 外部参照与块一样吗？它们有什么区别？

7. 填充图案后拉伸填充边界，图案会按新边界重新填充吗？

第7章 文字和表格

课前导读

【概述】	在工程图样中，总是有一些与图形相关的重要信息要用文字表达，所以文字也是图形的重要组成部分，文字常用于标题、标记图形、提供说明或进行注释等。AutoCAD 提供了多种创建文字的方法。少量的局部注解可以用单行文字命令写入，若需要写入大量文字内容可以用多行文字命令。			
【技能要求】	✓能结合专业规范要求书写文字并能正确调整文字设置使其正确显示。 ✓能灵活应用标注并掌握使用上的一些技巧。			
【学习内容】	课堂讲解	【知识点】	基础	重点	难点
		7.1 文字样式	☑		
		7.2 文本的创建	☑	☑	
		7.3 表		☑	☑
	上机训练	上机1 设置一个文字样式 上机2 用单行文字命令进行功能区标识 上机3 用多行文字命令书写一段设计说明 上机4 用表格命令绘制并填写材料表			
	理论复习题	选择题 问答题			

课堂讲解

文字对象是工程图中不可缺少的组成部分，在一个完整的图样中，通常需要包含一些文字注释来标注图样中的一些非图形信息，如材料说明、施工要求等。另外，材料表等表格可以使用表格功能来创建，利用表格功能还可以在其他软件中复制表格。

7.1 文字样式

◆ 概念

图形中的所有文字都由与之相关联的文字样式决定其显示效果。在进行文字标注之前，首先要定义合适的文字样式，即设置文字的各项参数，如字体、字高、文字倾斜等特征。

◆ 调用方式

🖵	菜单栏：	"格式"→"文字样式"
🖱	工具栏：	"标注"→"标注样式"
⌨	命令行：	DDSTYLE/STYLE

◆ 应答界面

调用文字样式命令后将弹出对话框，如图 7-1 所示。

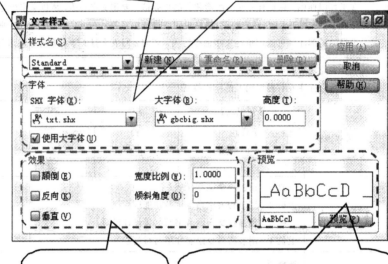

显示文字样式名、可更改当前样式、添加新样式以及重命名或删除现有样式

字体：从列表中选择所有注册的TrueType字体和Fonts文件夹中编译的形（SHX）字体

大字体：只有在"字体名"中指定SHX文件，才能使用"大字体"。

高度：输入大于0的高度值则为该样式设置固定的文字高度；如果输入0，每次用该样式输入文字时，系统都将提示输入文字高度

修改字体显示效果的特性，例如高度、宽度比例、倾斜角以及是否颠倒显示、反向或垂直对齐

随着字体的改变和效果的修改动态显示样例文字，可在字符预览图像下方的方框中输入字符预览其效果（注意：预览图像不反映文字高度）

图 7-1　文字样式对话框

✐注：字体名前有@标记的字体其文字方向为垂直书写。

✐注：当标注尺寸时，有些字体不能显示直径符号"ϕ"；应将字体设为.shx字体。

◆ 实例

【题目】

设置一个工程字样式

【操作步骤】

Step 1. 启动 AutoCAD，进入 AutoCAD 绘图界面。

Step 2. 单击菜单栏上的"格式"菜单，选择文字样式，弹出如图 7-2 所示的对话框。

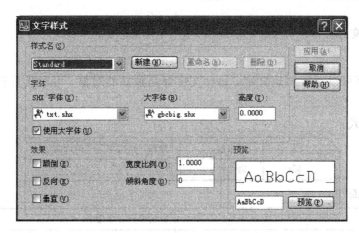

图 7-2　文字样式对话框

Step 3. 在文字样式的对话框中，点击 新建(N)... ，在弹出的新建对话框中输入"工程字样式"，如图 7-3 所示。

图 7-3　新建文字样式对话框

Step 4. 字体名在下拉菜单中选择宋体，字体样式选择常规，高度选择 5，点击应用完成设置，如图 7-4 所示。

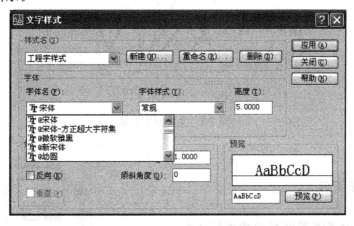

图 7-4　文字样式对话框设置完成后

7.2　文本的创建

　　在 AutoCAD 中设置好文字样式后，就可以使用单行文字和多行文字创建文本了。

　　对于不需要多种字体或多行的内容，如平面布置图的功能区标签、图名等，可以使用单行文字；而对于较长、较复杂的内容，如设计说明等，则可以使用多行文字。

7.2.1 单行文字

◆ 概念

用单行文字可以逐行创建文字，每行文字都是独立的对象，可对其重新定位、编辑修改、调整格式。

◆ 调用方式

	菜单栏：	"绘图"→"文字"→"单行文字"
	命令行：	DTEXT

◆ 应答界面

命令：_dtext	启动单行文字命令
当前文字样式：Standard 当前文字高度：2.5000	提示当前文字样式信息及高度信息
指定文字的起点或[对正(J)/样式(S)]：	指定文字的起点，也可在此选择样式或设置对正方式
指定高度<2.5000>	根据图幅确定文字高度，尖括号内为上次值
指定文字的旋转角度<0>：	指定文字的旋转角度，尖括号内为上次值
输入文字	输入所需文字
输入文字	在其他需要文字的地方单击鼠标，输入所需文字
输入文字	回车结束任务\

◆ 命令说明

样式：文字样式决定文字字符的外观，要指定合适的文字样式。

对正：在 AutoCAD 2007 中，系统为文字提供了多种对正方式，如图 7-5 所示。

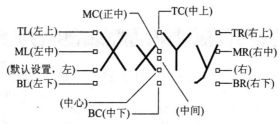

图 7-5　文字对正方式

◆ 单行文字实例

【题目】

用单行文字对平面图区域功能进行文本标注，如图 7-6 所示。

【操作步骤】

Step 1. 打开 CAD 文件"实例 7-1 平面图的文本标注"。

Step 2. 点击"绘图"→"文字"→"单行文字"，应答如下：

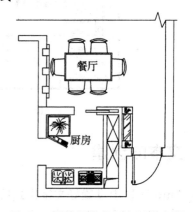

图 7-6　用单行文字标注区域功能

命令：_dtext	启动单行文字命令
当前文字样式：Standard 当前文字高度：2.5000	提示当前文字参数信息
指定文字的起点或［对正(J)/样式(S)］：	把鼠标指定到厨房位置，单击
指定高度＜2.5000＞	根据图幅确定文字高度，输入 100
指定文字的旋转角度＜0＞：	不旋转，回车接受默认值 0
输入文字	输入"厨房"，如图 7-7 所示
输入文字	在餐厅区单击鼠标，输入"餐厅"
输入文字	回车结束任务，完成图如图 7-6 所示

图 7-7　标注厨房

Step 3. 单击"标准"工具栏中的 ▨ 按钮，保存文件。

7.2.2　多行文字

◆　概念

多行文字又称为段落文字，是一种更易于管理的文字对象，所有文字都将作为一个整体进行移动、旋转等操作；另一方面，多行文字具有灵活的格式功能，可以对选中的部分文字进行格式调整。

◆　调用方式

▭	菜单栏：	"绘图"→"文字"→"多行文字"
🖱	工具栏：	A
⌨	命令行：	MTEXT

◆　应答界面

调用后 AutoCAD 将提示鼠标指定两个点从而形成一个用来放置多行文字的矩形区域，并将打开"文字格式"工具栏和文字输入窗口，又称在位文本编辑器，如图 7-8 所示。

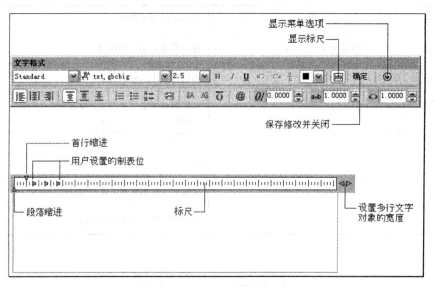

图 7-8　在位文本编辑器

◆　命令说明

在"文字格式"工具栏中单击"选项"按钮，打开多行文字的选项菜单，可以对多行文本进行更多的设置。在文字输入窗口中右击，弹出一个快捷菜单（图 7-9），该快捷菜单与选项菜单中的主要命令一一对应。

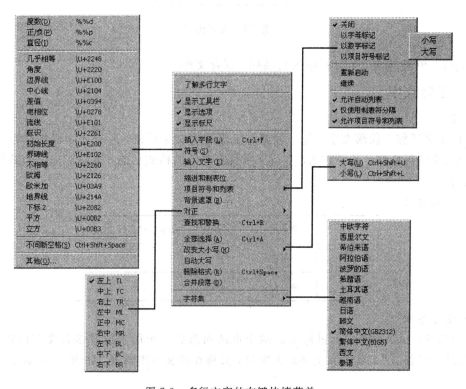

图 7-9　多行文字的右键快捷菜单

◆ 多行文字实例

【题目】

输入一段设计说明文字，如图 7-10 所示。

> 设计说明：
> 1. 本设计标高以精装修的客厅地面，完成
>   标高为本户型的±0.00。
> 2. 厨房、卫生间墙地面瓷砖铺装完成后，
>   均由白水泥擦缝。
> 3. 本设计图未尽事宜，按现场实际情况协
>   商解决。

图 7-10　设计说明文字

【操作步骤】

Step 1. 单击绘图工具栏上的按钮 ，调用多行文字命令，AutoCAD 将提示指定两点，在屏幕上单击并拖动鼠标指定一矩形窗口，如图 7-11 所示。

图 7-11　调用多行文字命令时拖出的矩形窗口

Step 2. 矩形两个端点确定后将弹出在位文本编辑器，如图 7-12 所示。

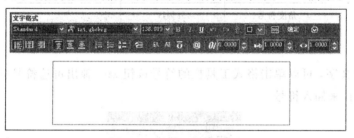

图 7-12　在位文本编辑器

Step 3. 选择字体为宋体，字高为 300，输入设计说明文字，如图 7-13 所示。

> 设计说明：
> 1. 本设计标高以精装修的客厅地面，完成
>   标高为本户型的±0.00。
> 2. 厨房、卫生间墙地面瓷砖铺装完成后，
>   均由白水泥擦缝。
> 3. 本设计图未尽事宜，按现场实际情况协
>   商解决。

图 7-13　在位文本编辑器

Step 4．选中第一行文字，单击粗体按钮 **B**，选中第二段以后的所有文字，单击编号按钮 ，最后单击 确定，结果如图 7-14 所示。

设计说明：

1. 本设计标高以精装修的客厅地面，完成标高为本户型的±0.00。

2. 厨房、卫生间墙地面瓷砖铺装完成后，均由白水泥擦缝。

3. 本设计图未尽事宜，按现场实际情况协商解决。

图 7-14　对文字进行编号

7.2.3　特殊文字字符

在工程制图中往往需要输入如"直径符号"、"角度符号"和"正负符号"等特殊文字字符。这些特殊文字字符可用控制码来表示，所有的控制码用双百分号（％％）起头，这些特殊字符调用相应的符号。常用特殊文字字符见表 7-1。

表 7-1　常用特殊文字字符

类型	控制码	显示
直径符号	％％C	Φ
角度符号	％％D	°
正负符号	％％P	±

若使用多行文字，可以单击格式工具栏的符号按钮 @，弹出可选符号列表，如图 7-15 所示，通过单击选择来插入符号。

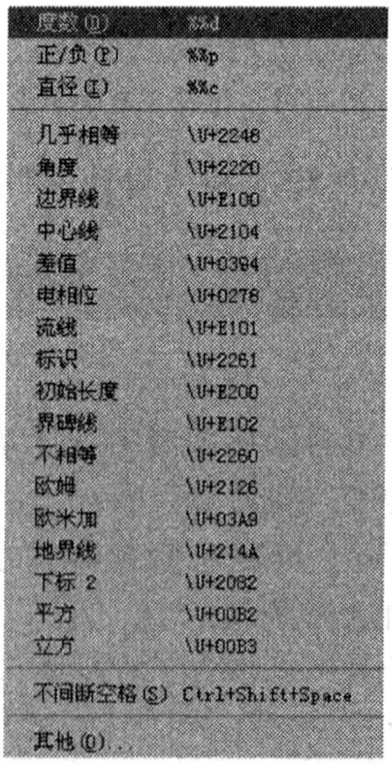

度数 (D)	%%d
正/负 (P)	%%p
直径 (I)	%%c
几乎相等	\U+2248
角度	\U+2220
边界线	\U+E100
中心线	\U+2104
差值	\U+0394
电相位	\U+0278
流线	\U+E101
标识	\U+2261
初始长度	\U+E200
界碑线	\U+E102
不相等	\U+2260
欧姆	\U+2126
欧米加	\U+03A9
地界线	\U+214A
下标 2	\U+2082
平方	\U+00B2
立方	\U+00B3
不间断空格 (S)	Ctrl+Shift+Space
其他 (O)	

图 7-15　多行文字的可选符号列表

7.2.4 文字的编辑修改

对于已经输入的文字，AutoCAD 提供了方便灵活的编辑方法，可以通过调用菜单"修改"→"对象"→"文字"下的子菜单（图 7-16）来实现对文字内容及特性的修改。

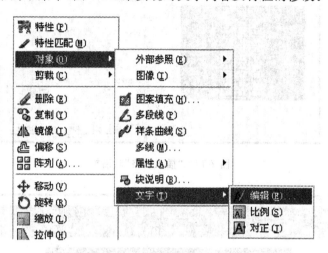

图 7-16 文字的编辑修改菜单

在较高版本的 AutoCAD 中，双击文字对象即可对其进行编辑、修改。根据选择的文字对象是单行文本还是多行文本的不同，弹出相应的对话框来修改文字内容。

7.3 表

1. 概念

在工程制图中往往有些设计内容需要用表格来表达，如图纸目录、材料表、图例表等。

在早期版本的 AutoCAD 中需要使用直线和文字对象来手动创建表，而从 AutoCAD2006 开始提供了表格工具，可以快速创建表格，并可在表格的单元中添加内容。

2. 表的创建

◆ 调用方式

	菜单栏：	"绘图"→"表格"
	工具栏：	"绘图"→
	命令行：	TABLE

◆ 应答界面

调用表格命令后，弹出"插入表格"对话框，如图 7-17 所示，可以通过选择内建的表格样式来选择表格的外观，也可自行定义设置表格外观。

规划所需的行数、列数后，单击 确定 按钮，AutoCAD 将提示用户指定插入点，而后在绘图区域根据设定自动绘制表格线，此时光标闪动处可输入文字数据，并提供文字格式工具栏进行调整，如图 7-18 所示。

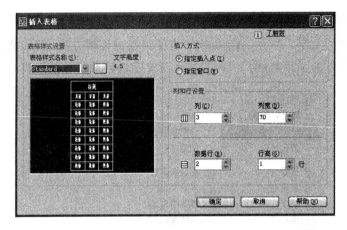

图 7-17　"插入表格"对话框

图 7-18　根据设定自动绘制的表格

3. 表的修改

表格创建完成后，用户可以单击该表格上的任意网格线以选中该表格，然后通过使用"特性"选项板或夹点来修改该表格的形状和位置，如图 7-19 所示。

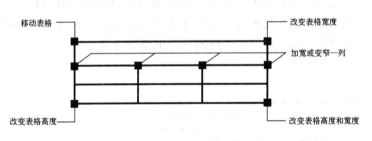

图 7-19　用夹点修改表格

用户还可对表格进行复制、粘贴操作，或添加、删除行（列）的操作，行（列）、单元格的合并也是常用的操作，这些操作均可通过选中表格或单元格后单击右键的快捷菜单（图 7-20）实现。

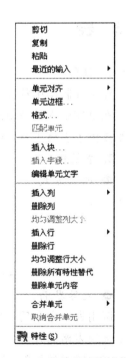

图 7-20　表格的右键快捷菜单

4. 表格实例

【题目】

绘制图纸目录的表格，如图 7-21 所示。

图纸目录		
图号	图纸名称	图幅
P01	平面布置图	A3
P02	地面材料图	A3
P03	墙体定位图	A3

图 7-21　图纸目录

【操作步骤】

Step 1. 单击"绘图"工具栏上的"表格"图标，弹出"插入表格"对话框，如图 7-22 所示。

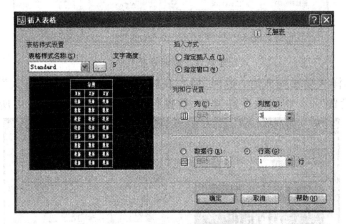

图 7-22　"插入表格"对话框

Step 2. 单击"表格样式名称"右边的按钮，弹出"表格样式"对话框，如图 7-23 所示。

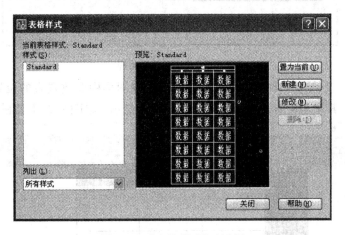

图 7-23　"表格样式"对话框

Step 3. 单击，弹出"修改表格样式"对话框，如图 7-24 所示，依次修改"标题"、"列标题"、"数据"标签中的文字高度为 30，对齐方式为正中，单击完成表格样式设置。

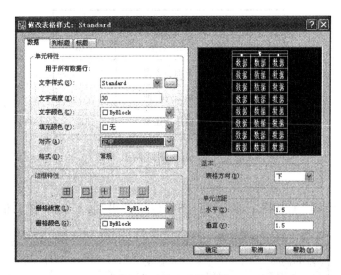

图 7-24 修改表格样式

Step 4. 表格样式设置完成后，返回"插入表格"对话框，在"插入方式"下选定"指定插入点"，在"列和行设置"下，将列数设置为 3，数据行数设置为 3，如图 7-25 所示。

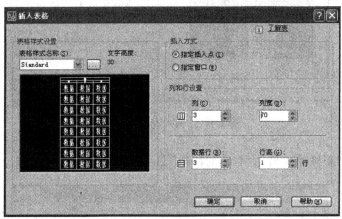

图 7-25 设置列和行

Step 5. 单击 确定 关闭"插入表格"对话框，在图形中要放置表的位置单击，将自动绘制出设定的表格，其中表的标题行处于选中状态，并显示"文字格式"工具栏，如图 7-26 所示。

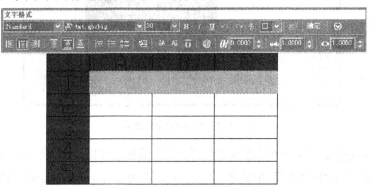

图 7-26 设置后生成的表格

Step 6. 在表的标题行中输入"图纸目录"，然后按 TAB 键或回车键，第一个列标题单元格进入编辑状态，输入"图号"，以此类推，依次在每个单元格输入文字，如图 7-27 所示，完成表格填写后在表以外的任意位置单击退出编辑状态。

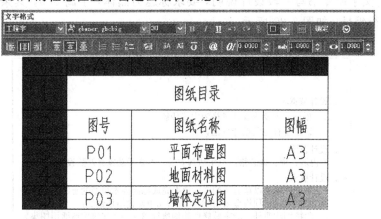

图 7-27　在各单元格中输入文字

上机训练

上机 1　设置一个文字样式

【题目】

设置一个文字样式，字体为仿宋，字高为 7，命名为"建筑用文字"。

上机 2　用单行文字命令进行功能区标识

【题目】

打开"练习 7-1 单行文字——功能区标识.dwg"，使用单行文字对户型平面图中各功能区进行标识，如图 7-28 所示。

图 7-28　用单行文字进行功能区标识

上机3　用多行文字命令书写一段设计说明

【题目】

使用多行文字命令书写一段设计说明，要求标题为黑体，字高800，其余字体为宋体，字高600，并进行编号，如图7-29所示。

设 计 说 明

一、设计依据
　　1. 根据业主要求设计风格为中式传统。
　　2. 国家现行有关设计规范。

二、设计范围
　　室内墙、顶、地装修；卫生洁具安装，不含活动家具及陈设、装饰品。

三、设计要求
　　1. 本设计标高以精装修的客厅地面完成标高为本户型的±0.00。
　　2. 轻钢龙骨吊顶构造采用88J4（三）U型龙骨吊顶做法。
　　3. 除特别注明外，所有装修做法均执行88J1-9《建筑构造通用图集》。

图 7-29　用多行文字书写一段设计说明

上机4　用表格命令绘制并填写材料表

【题目】

使用表格命令绘制并填写材料表，要求标题为宋体，字高80，列标题和数据单元格为宋体，字高50，如图7-30所示。

主 要 材 料 表

位置	名称	材料	备注
客 厅	地面	500x500地砖　云石砖波打线	
	墙面	海马斯乳胶漆　黑檀木饰面　高级墙纸 白影木饰面	
	天花	海马斯乳胶漆	
	阳台	100X600磨平亚光青石板	
	窗台	金碧辉煌大理石窗台	

图 7-30　使用表格命令绘制并填写材料表

理论复习题

【选择题】

1. 如果要使某个文字对象中各个文字大小不一，需要用到的命令是（　　）。

A. text　　　　　B. dtext　　　　　C. mtext　　　　　D. style

2. 如果要得到"文字样式"对话框，需要用到的命令是（　　）。

A. text　　　　　B. dtext　　　　　C. mtext　　　　　D. style

【问答题】

1. 文字样式与文字的关系是怎样的？

2. 单行文字和多行文字各有哪些优点？分别适用哪些范围？

3. 如何修改文字内容及文字属性？

4. 表格绘制完后可以修改吗？

5. 如何合并表格的多个单元格？

第8章　尺寸标注

课前导读

【概述】	设计方案的实现必须有尺寸为参照，图样中除了用图形和文字来表达对象之外，更离不开标注来作精确说明，故尺寸标注是设计绘图中不可或缺的一个关键环节。 AutoCAD提供了方便快捷的尺寸标注方法，同手工绘图相比极大程度地提高了标注的效率，其前提是正确设置尺寸标注样式。				
【技能要求】	✓　能结合专业规范要求，正确标注工程图样中的尺寸。 ✓　能灵活应用标注并掌握使用上的一些技巧。				
【学习内容】	课堂讲解	【知识点】	基础	重点	难点
		8.1　尺寸标注基础	☑		
		8.2　标注样式	☑	☑	☑
		8.3　使用AutoCAD进行尺寸标注	☑	☑	☑
	操作实例	实例1　创建一个建筑标注样式 实例2　卫生间平面图尺寸标注 实例3　修改标注			
	上机训练	上机1　创建一个标注样式 上机2　创建标样式的子样式 上机3　创建外框尺寸标注 上机4　楼梯间尺寸标注 上机5　装饰立面图尺寸标注			
	理论复习题	选择题 问答题			

课堂讲解

8.1　尺寸标注基础

8.1.1　尺寸的组成

一个完整的工程尺寸标注通常由尺寸线、尺寸界线、尺寸起止符号、尺寸数字等几个部分组成(图8-1).

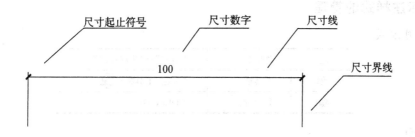

图 8-1　尺寸的组成

8.1.2　尺寸标注的整体性和关联性

1. 整体性

默认情况下，每当标注一个尺寸时，该尺寸的所有组成部分将成为一个整体，选择尺寸时只能选中整个尺寸并进行整体处理(如整体移动、旋转、删除等)，而不能单独选择某一部分进行操作。

☛注：尺寸的整体性可通过系统变量 DIMASO 控制。当该变量为 ON(默认值)时，所标注的尺寸具有整体性尺寸；当该变量为 OFF 时，所标注的尺寸则不具备整体性，即各组成元素无关。

2. 关联性

标注尺寸时，AutoCAD 将自动测量标注对象的大小，并在尺寸上给出测量结果，即尺寸文本。当用有关编辑命令修改对象时，尺寸文本将随之变化并自动给出新的对象大小，这种尺寸标注称为关联性尺寸。

☛注：整体性尺寸可以通过分解命令分解为相互独立的组成元素。

8.1.3　AutoCAD 尺寸标注的流程

为了能够更好的完成标注工作，一般应按照以下步骤来进行尺寸标注：

- 了解专业图样尺寸标注的有关规定。
- 正确建立或设置所需要的文字样式、标注样式。
- 建立一个新的图层，专门用于标注尺寸，以便于区分和修改。
- 结合对象捕捉功能准确地进行尺寸标注。
- 检查所标注尺寸，对个别不符合要求的尺寸进行修改和编辑。

8.2　标注样式

8.2.1　标注样式的概念

"标注样式"是标注设置的命名集合，同文本标注一样，尺寸标注也需要有特定的样式，可用来控制标注的外观，如箭头样式、文字位置和尺寸公差等。用户应创建符合行业或项目标准的"标注样式"，这是标注能正确显示的前提。

8.2.2 标注样式的管理

◆ 调用方式

	菜单栏：	"格式"→"标注样式"
	工具栏：	"标注"工具栏→
	命令行：	DDLM(D)

◆ 界面

执行上述调用后，弹出标注样式管理器，如图8-2所示。

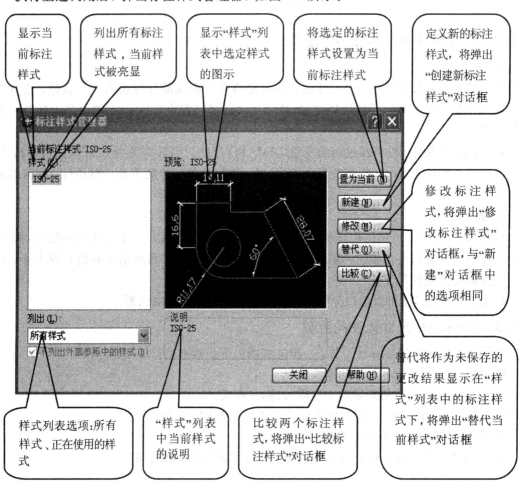

图 8-2　标注样式管理器

◆ 说明

- 创建标注时，标注将使用当前标注样式中的设置。
- 如果要修改标注样式中的设置，则图形中的所有标注将自动使用更新后的样式。
- 如果需要，可以临时替代标注样式。

8.2.3 标注样式的设置

在实际绘图中，默认的设置往往不能完全满足要求，而需要新建自己的样式。

单击标注样式管理器对话框中的 新建(N)... ，将弹出创建新标注样式对话框，如图 8-3 所示。

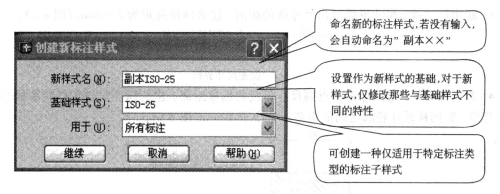

图 8-3 创建新标注样式对话框

单击 继续 按钮，将弹出新建标注样式对话框，该对话框与"修改标注样式"对话框有完全相同的选项卡，用户可以在各选项卡中进行详细的设置，从而控制标注的外观等特性，并在预览区中及时观察其效果。建筑标注中通常应注意以下设置：

◆ 直线选项卡

直线选项卡如图 8-4 所示。

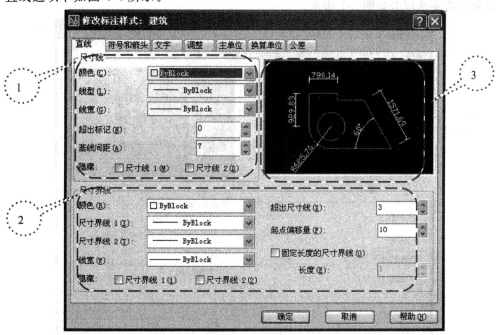

图 8-4 直线选项卡

①：尺寸线选项区——设置尺寸线特性。

- **颜色、线型和线宽**：建议设置为"ByBlock 随层"，便于用图层控制。
- **超出标记**：指尺寸线在横向上超出尺寸界线的距离，建筑标注中设为"0"。
- **基线间距**：采用基线标注方式时，尺寸线之间的间距，建筑标注中规定为 7～10mm。
- **隐藏**：是否显示尺寸线，建筑标注中不使用此功能。

②：尺寸界线选项区——设置尺寸界线特性：

- 颜色、线型和线宽：建议设置为"ByBlock 随层"，便于用图层控制。
- 超出尺寸线：尺寸界线超出尺寸线的距离，建筑标注规定为2～3mm（图8-5）。

图 8-5　设置尺寸界线

- 起点偏移量：定义标注的点到尺寸界线的偏移距离，建筑标注规定图样轮廓线以外的尺寸界线，距图样最外轮廓之间的距离不宜小于10mm（图8-6）。

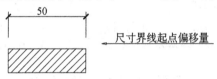

图 8-6　设置尺寸界线

- 固定长度的尺寸界线：启用固定长度的尺寸界线，此功能在建筑标注中可适当使用。

③：预览区——显示样例标注图像

显示对标注样式设置所做更改的效果，可根据预览效果作及时调整。

◆ 符号和箭头选项卡

符号和箭头选项卡如图8-7所示。

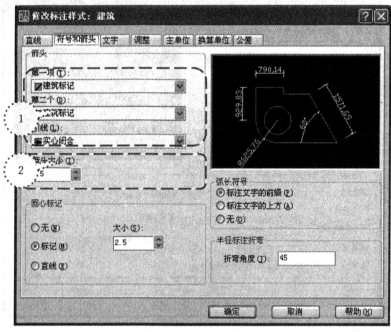

图 8-7　符号和箭头选项卡

①：建筑图箭头应选择"建筑标记"，即45°倾斜的中粗短线。

✎注：半径、直径、角度应为其创建一个标注样式的子类，然后选择箭头为"实心闭合"。

②：箭头长度在国标中规定为2～3mm；

◆ 文字选项卡

文字选项卡如图8-8所示。

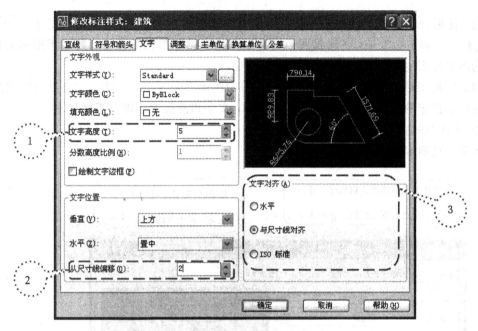

图 8-8　文字选项卡

①　文字高度：建筑标注中的文字宜为 5 号字即字高为 "5"。当文字高度为 0 时取决于文字样式中的设置。

②　从尺寸线偏移：建筑标注中的文字宜注写在尺寸线上方中部，并距尺寸线 2－3mm。

③　文字对齐：建筑标注中线性尺寸通常选择"与尺寸线对齐"；径向尺寸的子类宜设定为 "ISO 标准"。

◆调整选项卡

调整选项卡如图 8-9 所示。

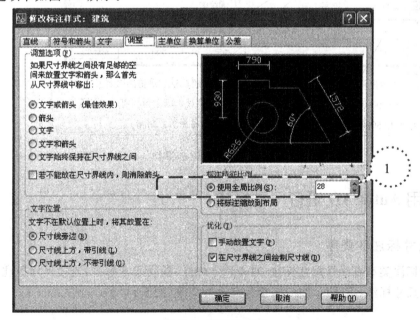

图 8-9　调整选项卡

①：使用全局比例，该比例并不更改标注的测量值，而是为前述设置指定了一个显示比例，包括文字和箭头大小，在建筑图中可按制图标准做好前面的设定，然后用图形界限除以模板的图形界限的值来指定全局比例。

如某图的图形界限为40000×30000，模板的图形界限为420×297，二者除的值约为100，则可在前述设定的基础上在此填入比例值100，文字和箭头大小即可正确显示。

◆ 主单位选项卡

主单位选项卡如图8-10所示。

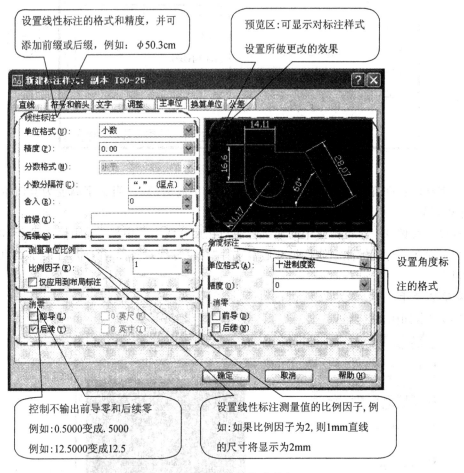

图8-10　主单位选项卡

8.3　使用 AutoCAD 进行尺寸标注

8.3.1　尺寸标注的类型

常用的标注类型有线性尺寸标注、对齐尺寸标注、基线尺寸标注、连续尺寸标注、径向尺寸标注和角度尺寸标注、引线尺寸标注、坐标尺寸标注等(图8-11)。

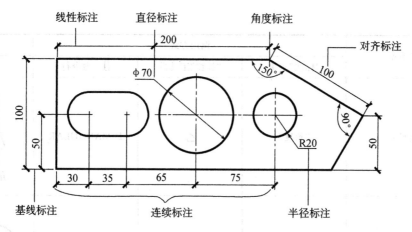

图 8-11　尺寸标注的类型

8.3.2　AutoCAD 常用标注命令列表

AutoCAD 提供了可为各行业使用的标注工具，建筑行业中常用的标注方法见表 8-1。

表 8-1　建筑行中常用的标注方法

标注类型		调用方式			备注
		"标注"菜单	"标注"工具栏	▯　命令行	
线性尺寸	单一尺寸	水平方向、垂直方向	"线性"	⊢	LINEAR	指定尺寸线位置
		其他任意方向	"对齐"	⬉	DIMALIGNED	1.16±0.2
	多个尺寸	连续尺寸标注	"连续"	⊬	DIMCONTINUE	
		基线尺寸标注	"基线"	⊟	DIMBASELINE	
径向尺寸		半径尺寸	"半径"	⊙	DIMRADIUS	φ0.545
		直径尺寸	"直径"	⊘	DIMDIAMETER	

（续）

标注类型	调用方式			备注
	"标注"菜单	"标注"工具栏	□ 命令行	
角度尺寸	"角度"	△	DIMANGULAR	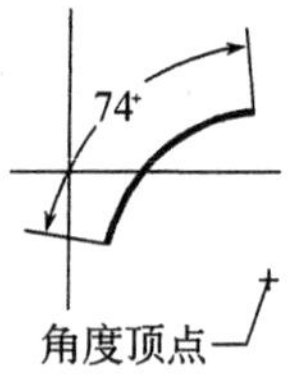
引线旁注	"引线"		QLEADER	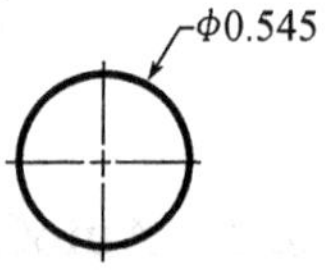
圆心标记	"圆心标记"	⊙	DIMCENTER	
快速标注	"快速标注"		QDIM	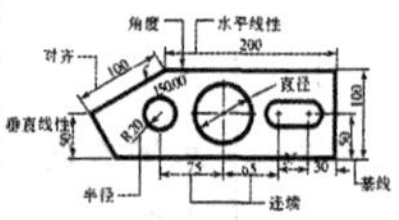

8.3.3 命令说明

根据需求调用各标注命令后，只要根据命令提示逐步做好人机应答即可直观、准确、高效地完成标注，其自动化程度较高，故在此不再叙述人机应答界面。

1）若出现不正确显示，请再次检查当前"标注样式"是否正确设置。

2）创建线性标注时，可以通过选项灵活控制文字内容、文字角度或尺寸线角度，也可在标注完成后通过特性或编辑修改命令进行修改。若需对所有标注作特定设置，可在"标注样式"中设定。

3）在使用基线/连续尺寸标注命令之前，应先用线性、对齐或角度命令标注第一段尺寸；指定尺寸界线点时需利用对象捕捉工具。其中基线标注中的基线间距由"标注样式"中的相关设定控制，因手工无法控制，故进行标注尺寸前，首先进行"标注样式"的合理设置。

4）用绘制命令绘制的圆或圆弧没有中心标记，通过圆心标记标注命令可以使圆或圆弧的中心标记出来。

5）标注时经常遇到要标注一系列相邻或相近实体对象的同一类尺寸，如建筑平面图中的轴线尺寸，外墙上的门、窗洞、窗间墙、柱等部分的尺寸，可以利用快速标注命令，一次性进行多个对象的尺寸标注，非常便捷。

6）引线注释可以有多种格式，选项中的＜设置＞可弹出下列对话框，可设置引线的外观及特性（图8-12）。

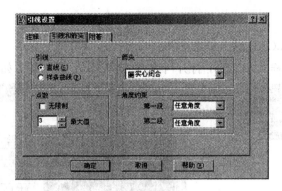

图 8-12　引线注释

8.3.4　尺寸标注的编辑修改

AutoACD 提供了多种方法以方便用户对尺寸标注进行编辑，下面介绍常用的方法及命令。

1. 右键修改方法

选中标注后，在其上单击右键，在弹出的菜单可以选择命令对尺寸作编辑，如图 8-13a 所示。

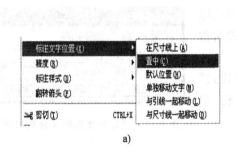

a)

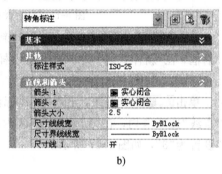

b)

图 8-13　右键修改方法

2. 特性管理器修改方法

选中标注后，可以打开其对象特性，在对象特性里对标注作各种特性的更改，如图 8-13b 所示。

3. 工具栏(菜单)修改方法

标注工具栏以及标注菜单也提供了修改标注的途径，用户可从标注工具栏或标注菜单调用相应按钮或命令进行标注修改，如图 8-14 所示。

图 8-14　标注工具栏

 操作实例

实例 1　创建一个建筑标注样式

【题目】

根据建筑制图规范，创建一个建筑标注样式。

【操作步骤】

Step 1. 打开 AutoCAD 进入绘图界面。

Step 2. 单击标注样式按钮，打开"标注样式管理器"对话框，如图 8-15 所示。

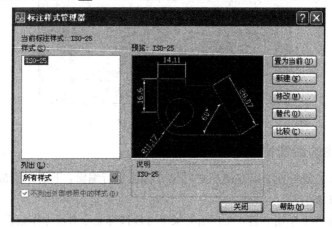

图 8-15　标注样式管理器对话框

Step 3. 单击 新建(N)... 按钮，出现"创建新样式标注样式"对话框，在"新样式名"文本框中输入样式名称"建筑图尺寸样式"，如图 8-16 所示。

Step 4. 单击 继续 按钮，出现"新建标注样式"对话框。"直线"选项卡内，在"尺寸界线"区内，将"超出尺寸线"设置为"3"，如图 8-17 所示。

图 8-16　创建新样式标注样式对话框

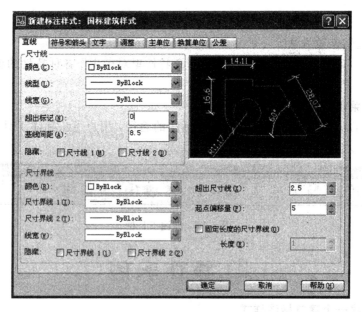

图 8-17　直线选项卡

Step 5. 在"符号和箭头"选项卡内作如下设置

在"箭头"区内，将"第一个"、"第二个"箭头样式下拉列表，选择"建筑标记"；

在"箭头大小"文本框内，设置箭头长度为"2"。

此时"符号和箭头"选项卡内的设置结果如图 8-18 所示：

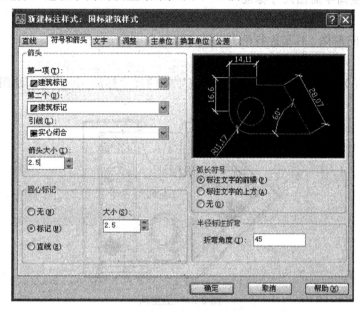

图 8-18　符号和箭头选项卡

Step 6. 单击"文字"选项卡，使其显示在最前面，并做如下设置：在"文字外观"区内，单击"文字样式"右侧的 按钮，在弹出的"文字样式"的对话框中设置新的文本样式名为"数字"，字体为"romansshx"，字体高度为 0；在"文字样式"右侧的下拉列表中选择"数字"；在"文字位置"区内设置"从尺寸线偏移"的值为"2"。此时"文字"选项卡内的设置结果如图 8-19 所示。

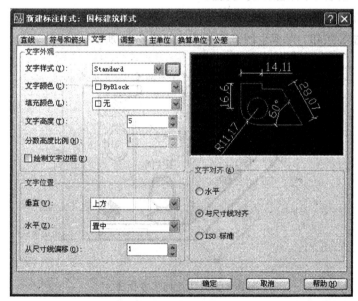

图 8-19　文字选项卡

Step 7. 单击 确定 按钮，返回"标注样式管理器"对话框，单击 关闭 按钮，关闭此对话框，完成"建筑图尺寸样式"设置。

实例2 卫生间平面图尺寸标注

【题目】

给定一卫生间图样，对其进行恰当的尺寸标注。

【操作步骤】

Step 1. 打开 AutoCAD 文件"实例 8-1 卫生间的尺寸标注.dwg"进入绘图界面，如图 8-20 所示。

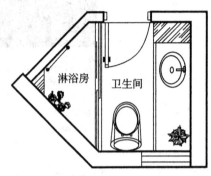

图 8-20 卫生间

Step 2. 单击标注样式按钮，打开"标注样式管理器"对话框。

Step 3. 单击 新建(N) 按钮，出现"创建新样式标注样式"对话框，在"新样式名"文本框中输入样式名称"卫生间尺寸标注样式"。

Step 4. 单击 继续 按钮，出现"新建标注样式"对话框。在对话框中进行合理的设置。

Step 5. 单击 确定 按钮，返回"标注样式管理器"对话框，单击 关闭 按钮，关闭此对话框，完成"卫生间尺寸标注样式"设置。

Step 6. 单击 按钮，对卫生间进行标注

Step 7. 单击 按钮，对卫生间进行标注，如图 8-21 所示。

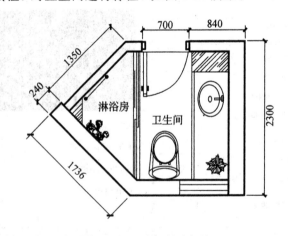

图 8-21 卫生间尺寸标注

Step 8. 单击"标准"工具栏中的 按钮，保存文件。

实例 3 修改标注

【题目】

一个立面图已作了标注，但无法正确显示，对原有标注进行修改，使得标注能正确显示。

【操作步骤】

Step 1. 打开文件"实例 8-2 修改一张原有标注.dwg"，进入绘图界面，如图 8-22 所示。

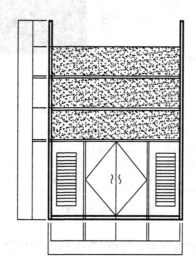

图 8-22 原有标注

Step 2. 单击标注样式按钮，打开"标注样式管理器"对话框，如图 8-23 所示。

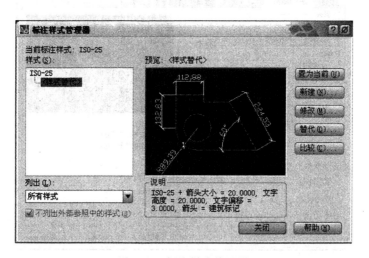

图 8-23 标注样式管理器

Step 3. 单击 修改(M)... 或者 替代(O) 按钮，出现"替代当前样式"对话框，如图 8-24 所示。

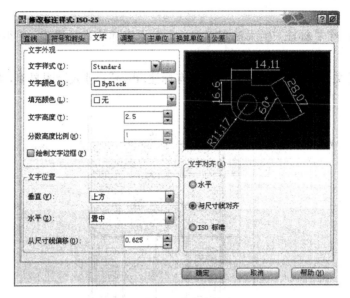

图 8-24　替代当前样式

Step 4．单击"符号和箭头"选项卡，选择"箭头样式"为"建筑标记"，并设置"箭头大小"为"5"。设置结果如图 8-25 所示。

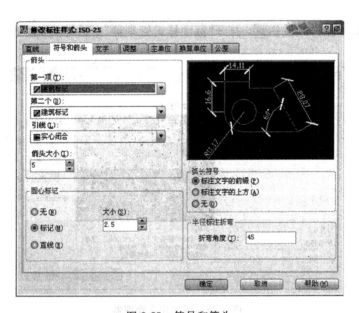

图 8-25　符号和箭头

Step 5．单击"文字"选项卡，设置"文字高度"为"5"，其他的值和设置默认即可。

Step 6．单击"调整"选项卡，设置"使用全局比例"为"20"，如图 8-26 所示。

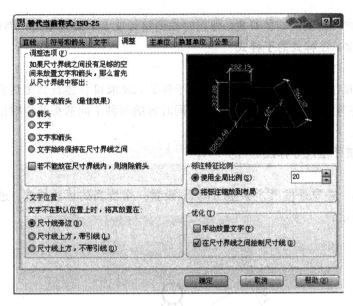

图 8-26　调整全局比例

Step 7. 单击 确定 按钮，返回"标注样式管理器"对话框，单击 关闭 按钮，关闭此对话框，完成原有标注的修改。修改好的图形如图 8-27 所示。

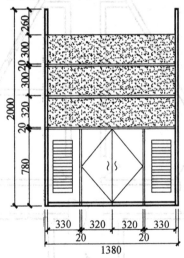

图 8-27　修改后的尺寸

Step 8. 单击"标准"工具栏中的 按钮，保存文件。

上机训练

上机 1　创建一个标注样式

【题目】

查建筑制图规定，根据制图规定创建一个标注样式，命名为"建筑装饰用"，应特别注意设置箭头及其大小、尺寸界线、超出尺寸线、尺寸界线起点偏移量、文字高度、文字位置、文字对齐等,以上数值均按制图规定值设置,使用时在调整选项卡下设置全局比例即可。

上机 2 创建标注样式的子样式

【题目】

在上题的基础上创建半径、直径、角度的子样式,要求符合建筑制图规定,应特别注意设置箭头、文字对齐等,以使得标注样式内可以同时容纳两种不同箭头并能根据标注用途自动调用相应的子样式。

上机 3 建筑外框尺寸标注

【题目】

打开"练习 8-1 建筑外框尺寸标注.dwg",设置一个恰当的标注样式,进行尺寸标注,完成后如图 8-28 所示。

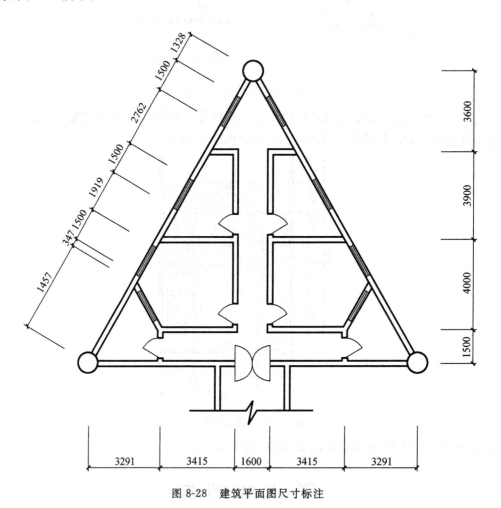

图 8-28 建筑平面图尺寸标注

【题目】

打开"练习 8-2 建筑外框尺寸标注.dwg",设置一个恰当的标注样式,进行尺寸标注,完成后如图 8-29 所示。

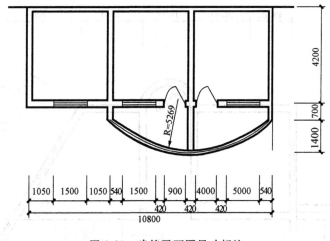

图 8-29　建筑平面图尺寸标注

【题目】

打开"练习 8-3 建筑外框尺寸标注.dwg"，设置一个恰当的标注样式，进行尺寸标注，完成后如图 8-30 所示。

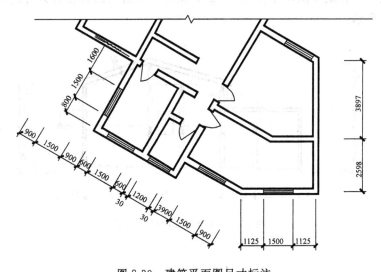

图 8-30　建筑平面图尺寸标注

【题目】

打开"练习 8-4 建筑外框尺寸标注.dwg"，设置一个恰当的标注样式，进行尺寸标注，完成后如图 8-31 所示。

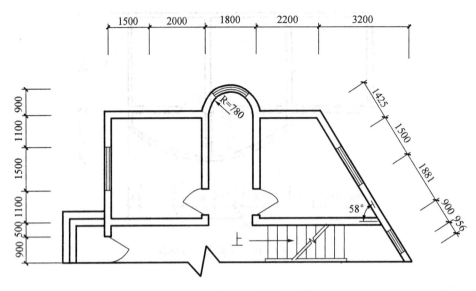

图 8-31　建筑平面图尺寸标注

【题目】

打开"练习 8-5 建筑外框尺寸标注.dwg"，设置一个恰当的标注样式，进行尺寸标注，完成后如图 8-32 所示。

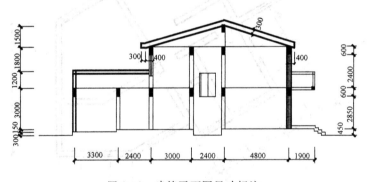

图 8-32　建筑平面图尺寸标注

【题目】

打开"练习 8-6 建筑外框尺寸标注.dwg"，设置一个恰当的标注样式，进行尺寸标注，完成后如图 8-33 所示。

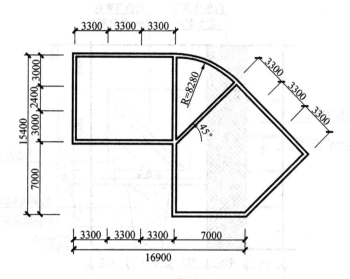

图 8-33　建筑平面图尺寸标注

上机 4　楼梯间尺寸标注

【题目】

打开"练习 8-7 楼梯间尺寸标注.dwg",设置一个恰当的标注样式,进行尺寸标注,完成后如图 8-34 所示。

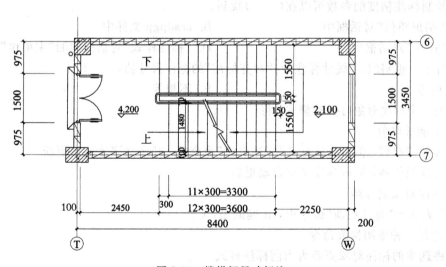

图 8-34　楼梯间尺寸标注

上机 5　装饰立面图尺寸标注

【题目】

打开"练习 8-8 装饰立面图尺寸标注.dwg",设置一个恰当的标注样式,进行尺寸标注,完成后如图 8-35 所示。

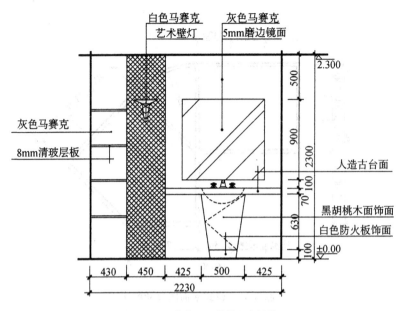

图 8-35　装饰立面图尺寸标注

 理论复习题

【选择题】

1. 控制标注精度的参数可以在（　　　）找到。

A. "图形单位"对话框中   B. acadpgp 文件中

C. "选项"对话框中   D. "标注样式"对话框中的"主单位"

2. 对于一根斜线，"线性标注"与"对齐标注"的标注尺寸值（　　　）。

A. 相等   B. 不相等

3. 当一个标注对象可以被修剪，将（　　　）。

A. 不能被修剪

B. 标注被修剪，但只有执行了"标注更新"命令后，标注文字才能被更新

C. 标注被修剪，同时标注文字自动更新

D. 标注对象被分解

4. 下列关于"标注更新"命令中，正确的是：（　　　）。

A. 这是一种集团修改命令

B. 将选中的标注对象更新为当前标注样式

C. 将选中的标注对象更新为指定的标注样式

D. 需要通过"特征"对话框执行

5. 以下答案中不是尺寸基本要素的是（　　　）。

A. 标注对象的图形轮廓线   B. 尺寸文字

C. 尺寸线   D. 填充图案

6. 尺寸箭头的样式有（　　　）选择。

A. 一种   B. 二种   C. 三种   D. 多种

7. 当标注尺寸时系统自动测量尺寸值，标注的尺寸值(　　)测量值。

A. 必须是

B. 不能是

C. 可以是、可以不是

D. 三者均可

8. 线性标注用于标注(　　)。

A. 长度尺寸

B. 圆的直径尺寸

C. 点的坐标

D. 两相交直线所夹的角度

9. 当使用快速引线命令时，可以通过"引线设置"对话框的"引线和箭头"选项卡设置引线的段数，引线段数目和所谓"点数"相关，"点数"最大值可取(　　)。

A. 1

B. 2

C. 3

D. 任意大于 1 的自然数

10. 关于快速标注，以下描述不正确的是(　　)。

A. 当采用快速标注时，可以选择图形中的多个对象，一次性地标出一系列连续尺寸

B. 当采用快速标注时，可以一次性地改变一系列尺寸的尺寸箭头和尺寸文字的大小

C. 当采用快速标注时，可以选择图形中的多个对象，一次性地标出一系列基线尺寸

D. 当采用快速标注时，可以选择图形中的多个圆或圆弧对象，一次性地标出一系列直径或半径尺寸

【问答题】

1. AutoCAD 中尺寸对象由哪几部分组成？

2. 尺寸样式的作用是什么？

3. 创建基线形式标注时，如何控制尺寸线间的距离？

4. 怎样调整尺寸界线起点与标注对象间的距离？

5. 标注样式的覆盖方式有何作用？

6. 标注尺寸前一般应作哪些工作？

7. 如何设定标注全局比例因子？它的作用是什么？

8. 怎样修改标注文字内容及调整数字的位置？

9. 能否用圆心标记命令在圆或圆弧中心处画中心线，若能实现，其操作方法如何？

10. 在"标注样式管理器"对话框中有"修改"和"替代"按钮，使用这两个按钮均可改变当前标注样式，二者是否有区别，若有区别，区别在哪，使用上应注意哪些问题？

第9章　图纸布局和打印输出

课前导读

【概述】	在所有图形制作完成后,最后一项关键工作就是布局和打印输出,依据图纸大小和绘图需要改变图形的布局,以便打印或者输出。 本章着重介绍图纸布局和最后的打印工作。			
【技能要求】	✓能掌握布局命令,调整图形的布局分布 ✓能掌握如果将图纸进行打印和在电脑中输出预览			
【学习内容】	课堂讲解	【知识点】	基础	重点	难点
		9.1　打印概述	☑		
		9.2　从模型空间直接打印出图	☑	☑	
		9.3　使用布局打印出图	☑	☑	☑
	操作实例	实例1　在一个布局上用两个视口同时显示平面图和剖面图 实例2　打印楼梯间平面图			
	上机训练	上机1　创建一个打印样式表 上机2　创建一个A2的布局			
	理论复习题	选择题 问答题			

课堂讲解

　　图纸绘制完成后,最终需要输出以供交流或传递,输出的表现形式有两种:纸质打印及电子文件发布。AutoCAD 提供了灵活多样的出图方法。

9.1　打印概述

9.1.1　模型空间与图纸空间

　　"模型空间"主要用于对几何模型的构建,而在进行几何模型的打印输出时,则通常在图纸空间中完成。前面几章讲述了如何在模型空间中进行绘图工作,一般情况下,往往会在模型空间中同时绘制平面图、立面图、剖面图或详图等,打印时就涉及到的要打印哪个图或是多个图同时打印的排版布局,因此 AutoCAD 为多样化出图任务专门安排了工作环境,称为"图纸空间",一个图纸布置方案称为一个"布局"。

9.1.2　纸质打印与电子打印

绘制图形后，可以使用多种方法输出，即可以将图形打印在图纸上，也可以创建成文件以供其他应用程序使用。用户可以以多种格式（包括 DWF、DXF、PDF 和 Windows 图元文件［WMF］）输出或打印图形，还可以使用专门设计的绘图仪驱动程序以图像格式输出图形。其中 DWF 文件是较为常用的一种文件交流方式，每个 DWF 文件可包含一张或多张图纸，它是一种二维矢量文件，使用这种格式可以方便地在 Web 或 Internet 网络上发布图形。另外，DWF 文件可以较好的保证设计稿不被随意修改。

1. 纸质打印的步骤

- 正确安装及配置打印机/绘图仪。可以用系统的"添加新硬件"来安装打印机/绘图仪的驱动程序，也可用绘图仪管理器的"添加绘图仪"向导，配置打印机/绘图仪。
- 依次单击"文件"、"打印"，或单击工具栏上 。
- 在"打印"对话框的"打印机/绘图仪"下的"名称"框中选择与电脑连接的打印机/绘图仪。
- 根据需要进行页面设置，应注意根据打印机/绘图仪的不同，支持的图纸尺寸也不同。
- 预览打印效果，确认执行打印任务。

2. 电子打印 DWF 文件的步骤

- 依次单击"文件"、"打印"，或单击工具栏上 。
- 在"打印"对话框的"打印机/绘图仪"下的"名称"框中选择 DWF6 ePlot. pc3 配置。
- 根据需要为 DWF 文件选择打印设置。
- 在"浏览打印文件"对话框中，选择一个位置并输入 DWF 文件的文件名。
- 单击"保存"，即可将 DWG 文件打印为 DWF 文件。

9.2　从模型空间直接打印出图

9.2.1　模型空间出图的特点

出图时如果没有复杂的图形排列，可以将图纸标题栏图框插入到模型空间中，直接在模型空间中实现完整图纸的打印出图，但这种方式不够灵活，且重复性差，适用于单次临时打印。

9.2.2　模型空间出图的操作

◆ 调用方式

	菜单栏:	"文件"→"打印"
	工具栏:	"标准"工具栏→
	快捷键:	Ctrl ＋ P
	命令行:	plot

◆ 应答界面

在模型空间中调用打印命令后弹出打印对话框，如图 9-1 所示。

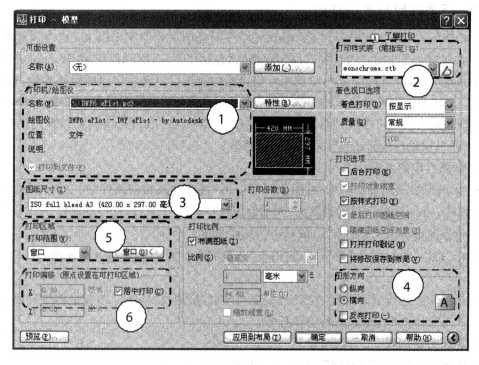

图 9-1　打印模型

☞注：在精简模式时，应单击"更多选项"按钮 ⊙，在"打印"对话框中显示更多选项。

◆ 命令说明

若已进行过页面设置，可单击添加来导入设置，若未进行页面设置，通常可按以下步骤进行基本设置：

①：选择打印机/绘图仪，列表框将列出已安装驱动的物理打印机/绘图仪，若需电子打印可选择 DWF6－ePlot. pc3，选择完后注意观察名称框下的相应说明。

②：选择打印样式表，打印样式表控制对象的打印特性，若需单色打印可选择 monochrome. ctb，彩色打印可选择 acad. ctb。

③：选择图纸尺寸，列表框将显示所选打印设备可用的标准图纸尺寸，若需自定义图纸尺寸，可单击打印机/绘图仪名称后的特性按钮进行设置。

④：选择图形方向，图纸图标代表所选图纸的介质方向，字母图标代表图形在图纸上的方向。

⑤：选择打印区域，指定要打印的图形部分，有以下选项：

● 窗口：如果选择"窗口"，则进入模型空间，通过指定两个角点确定一个窗口来打印该窗口内图形，这是最常用的选项。

● 范围：当前空间内的所有几何图形都将被打印。

● 图形界限：打印图形界限定义的图形区域。

● 显示：打印当前视口中的视图。

⑥：设置打印偏移，打印偏移是指打印区域相对于可打印区域左下角或图纸边界的偏移，一般设置为居中打印。

9.3　使用布局打印出图

9.3.1　图纸空间的概念

图纸空间就象一张图纸，打印之前可以在上面排放图形。图纸空间用于创建最终的打印布局，而不用于绘图或设计工作。在 AutoCAD 中，图纸空间是以布局的形式来使用的。一个图形文件可包含多个布局，每个布局代表一张单独的打印输出图纸。在布局中可以创建并放置视口对象，还可以添加标题栏或其他几何图形。

9.3.2　布局的基本操作

1. 进入图纸空间

在绘图区域底部单击布局选项卡，就可以进入相应的图纸空间环境，查看相应的布局，如图 9-2 所示。

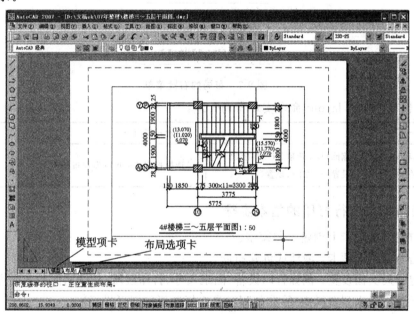

图 9-2　查看布局

2. 在模型空间与图纸空间之间切换

在布局中工作时，可以在图纸空间中添加注释或其他图形对象，而不会影响模型空间或其他布局。如果需要在布局中编辑模型，则可使用如下办法在视口中访问模型空间：

- 单击"模型"选项卡。
- 双击浮动视口内部。
- 单击状态栏上的 模型 按钮。
- 在命令行输入：mspace（或 ms）。

从视口中进行模型空间后，可以对模型空间的图形进行操作。在模型空间对图形作的任何修改都会反映到所有图纸空间的视口以及平铺的视口中。如果需要从视口中返回图纸空间，则可相应使用如下方法：

- 双击布局中浮动视口以外的部分。
- 单击状态栏上的 图纸 按钮。
- 在命令行输入：pspace（或 ps）。

3. 添加或删除布局

在任一布局选项卡上单击鼠标右键，在弹出的右键菜单中可以实现布局的添加、删除、重命名等管理工作，如图 9-3 所示。

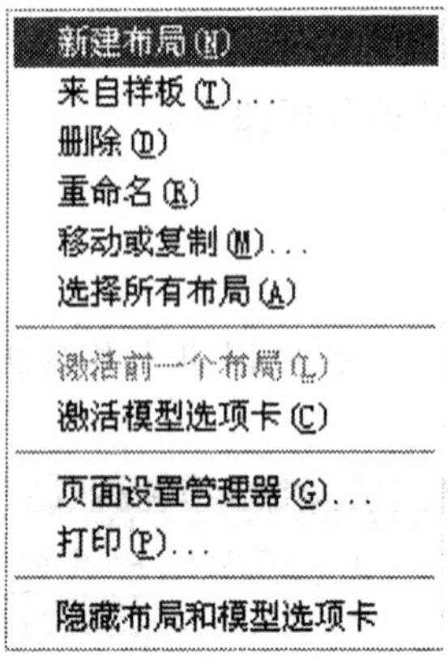

图 9-3　布局的右键菜单

另外，也可以通过 layout 命令实现布局管理：

命令：_ layout	启动布局命令
输入布局选项 [复制(C)/删除(D)/新建(N)/样板(T)/重命名(R)/另存为(SA)/设置(S)/?] <设置>：	选择相应选项可以实现布局管理

9.3.3　使用布局进行打印的基本步骤

1）在"模型"选项卡上创建主题模型。

2）单击"布局"选项卡，激活或创建布局。

3）指定布局页面设置，例如打印设备、图纸尺寸、打印区域、打印比例和图形方向。

4）将标题栏插入到布局中（除非使用已具有标题栏的图形样板）。

5）创建要用于布局视口的新图层。

6）创建布局视口并将其置于布局中。

7）设置浮动视口的视图比例。

8）根据需要在布局中添加标注和注释。

9）关闭包含布局视口的图层。

10）打印布局。

9.3.4　创建布局视口

◆ 概念

视口是显示用户模型不同视图的区域。在模型空间中，为了便于观察模型对象，可以将绘图区域拆分成一个或多个相邻的矩形视图，称为"模型空间视口"，又称为"平铺视口"。同样，在图纸空间中也可以创建视口，称为"布局视口"，又称为"浮动视口"，使用这些视口可以在图纸上灵活排列图形的视图。与平铺视口不同，浮动视口可以重叠，可以灵活编辑。

☞注：使用浮动视口的好处之一是：可以在每个视口中选择性地冻结图层。

☞注：创建专门用于布局视口的图层很重要，在打印时，可以关闭该图层不打印布局视口的边界而只打印布局。

☞注：布局视口也是一个图形对象，可以进行移动、删除、夹点编辑等操作，但应注意对视口的编辑操作应在视口未被激活的状态下进行。

◆ 调用方式

🖱	工具栏：	"视口"→ ▦
⌨	命令行：	_VPORTS

◆ 应答界面

命令：_ - vports	启动命令
指定视口的角点或［开(ON)/关(OFF)/布满(F)/着色打印(S)/锁定(L)/对象(O)/多边形(P)/恢复(R)/2/3/4］＜布满＞：↵ Enter	直接回车将视口布满整个页面，或可指定点以给定视口的角点，方括号中还有其他选项，较少使用
正在重生成模型	直接回车后视口布满整个页面，并重生成模型

9.3.5　视口的视图比例

◆ 概念

在打印图形时往往需要按照制图标准中推荐的比例进行出图，这个工作在手工绘图时是在准备切割图纸时就应该确定的，但在 AutoCAD 中往往按照 1：1 的比例进行绘图，而在打印时才在布局视口中确定出图比例，出图比例可以在视口的视图比例中精确设置。

◆ 调用方式

🖵	菜单栏：	"标准"→ ▥
🖱	工具栏：	"视口"→视图比例 ▤▤▤▤▤✕ 1:500 ▾
⌨	命令行：	ZOOM命令的 XP 选项

☞注：确定了视口的视图比例后往往还需缩放视图进行观察，此时可将视口的比例锁定，使得缩放视图时可以保持视口比例不变。锁定视口比例的方法是：打开"特性"选项板，将"显示锁定"选为"是"，即 显示锁定 是 ▾ 。

📖 操作实例

实例1　在一个布局上用两个视口同时显示平面图和剖面图

【题目】

打开"实例 9-1 楼梯间.dwg"，在一个布局上用两个视口同时显示平面图和剖面图，并打印为 dwf 文件，图纸幅面为 A3。

【操作步骤】

Step 1. 打开"实例9-1 楼梯间.dwg",在模型空间中观察到该图纸同时绘制了楼梯的平面图和剖面图,如图9-4所示。

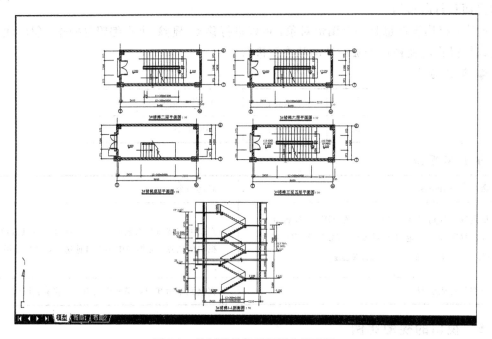

图9-4　绘制楼梯的平面图和剖面图

Step 2. 单击布局2选项卡,切换到布局2,将弹出"页面设置管理器",单击"修改"按钮,将弹出"页面设置"对话框,选择打印机为"DWF6-ePlot.pc3",打印样式表为"monochrome.ctb"图纸尺寸为"A3",图形方向为"横向",打印范围为"布局",设置如图9-5所示。

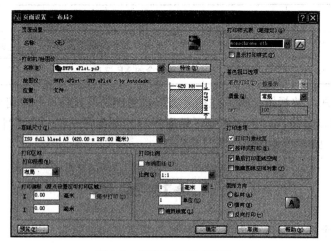

图9-5　"页面设置"对话框

●注:系统默认在第一次打开布局时将显示"页面设置管理器",此选项在"页面设置管理器"左下角的"☑创建新布局时显示"控制，也可在布局上单击右键，在右键菜单中选择"页面设置管理器"。

Step 3. 确定页面设置后，将显示一个默认的视口，如图 9-6 所示。

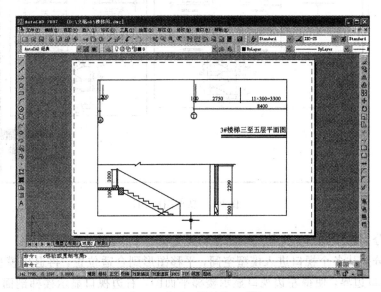

图 9-6 "页面设置管理器"

Step 4. 选中默认视口，按 Del 键将其删除，如图 9-7 所示。

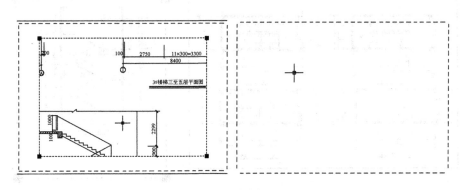

图 9-7 删除视口

Step 5. 新建图层 SK，在图层 SK 上创建两个矩形视口，将分别用来显示楼梯平面图和剖面图，如图 9-8 所示。

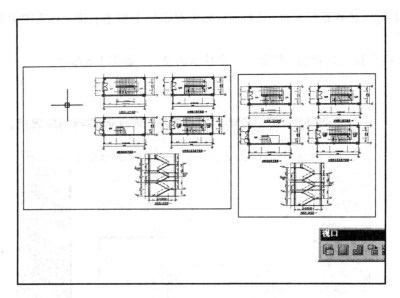

图 9-8　新建图层 SK

Step 6. 分别选中视口，将其视口比例均设置为 1：150。

Step 7. 分别从各个视口进入模型空间，平移图形到合适位置，再退出模型空间，利用夹点编辑调整视口边界，使得左边视口显示楼梯平面图，右边视口显示楼梯剖面图，如图 9-9 所示。

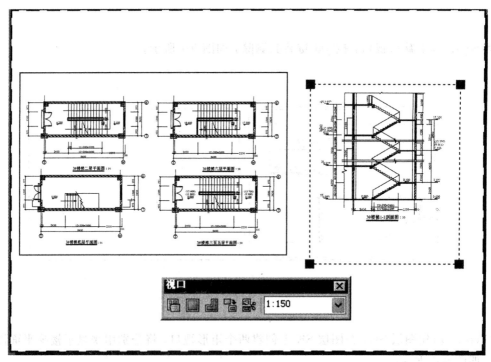

图 9-9　平移图形使右边视口显示楼梯剖面图

Step 8. 关闭图层 SK，最终显示效果如图 9-10 所示。

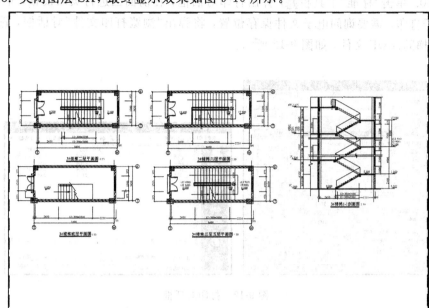

图 9-10　最终显示效果

Step 9. 在布局 2 插入 A3 图框的块，这样就完成了一张比例为 1∶150 的图纸布局，如图 9-11 所示。

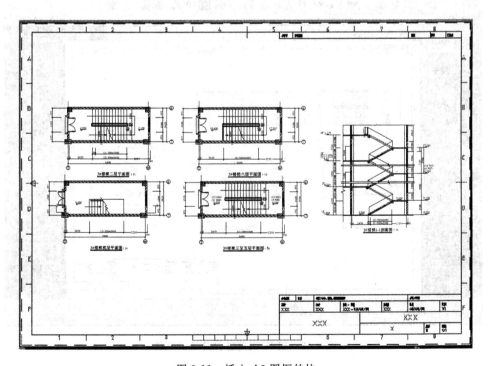

图 9-11　插入 A3 图框的块

Step 10. 单击"标准"工具栏 ，弹出打印对话框，在前面已进行页面设置，单击确定钮，由于是电子打印，需要询问电子文件保存位置，将弹出"浏览打印文件"对话框，选择文件夹保存为"楼梯间.dwf"文件，如图 9-12 所示。

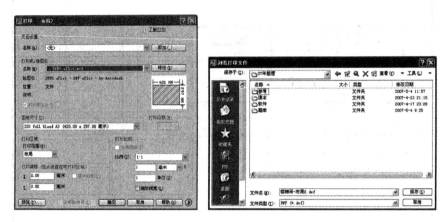

图 9-12　打印对话框

Step 11. 打印完成，若未安装 DWF Viewer，可以用 IE 浏览器打开；若已安装 DWF Viewer，则用 DWF Viewer 打开，分别如图 9-13、图 9-14 所示。

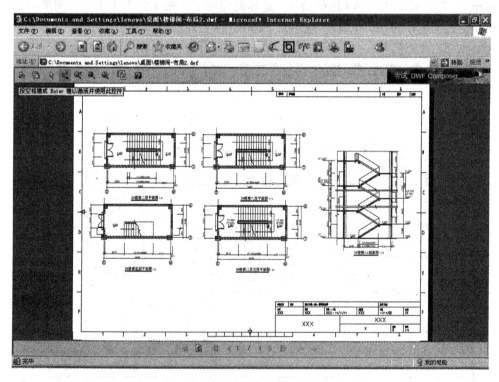

图 9-13　用 IE 浏览器打开 dwf 文件

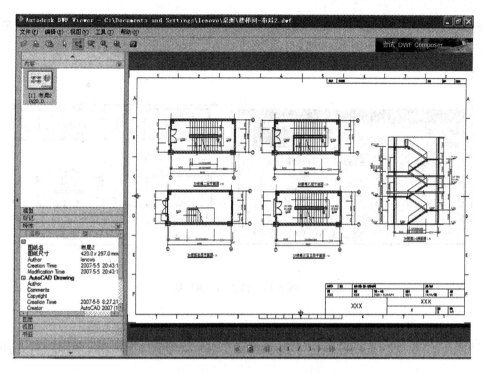

图 9-14　用 DWF Viewer 打开 dwf 文件

❤ 注：dwf 文件用以上两种方式打开后，不仅可以浏览、打印，还可实现缩放、平移等视图控制操作。

实例 2　打印楼梯间平面图

【题目】

打开"实例 9-1 楼梯间.dwg"，打印楼梯间平面图，图纸幅面为 A3，打印为 dwf 文件。

【操作步骤】

Step 1. 打开"实例 9-1 楼梯间.dwg"，在模型空间中观察到该图纸同时绘制了楼梯的平面图和剖面图，如图 9-15 所示。

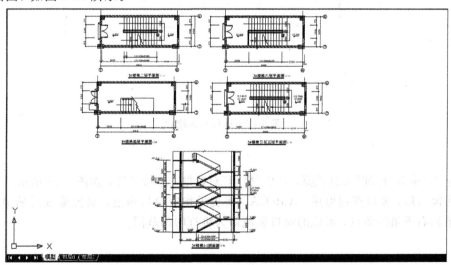

图 9-15　打开"楼梯间.dwg"

Step 2. 插入 A3 图框块，此时由于在绘图时比例为 1：1，故插入的图块在图中左下角显示为一个很小的图形，如图 9-16 所示。

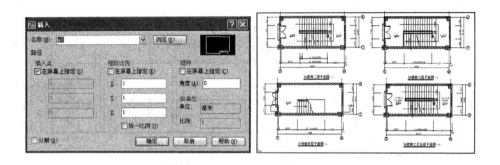

图 9-16　插入 A3 图框块

Step 3. 将插入的 A3 图框块进行比例缩放至恰好容纳楼梯平面图，如图 9-17 所示。

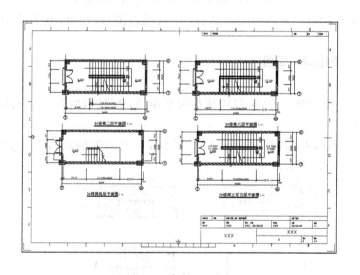

图 9-17　进行比例缩放

Step 4. 单击"标准"工具栏，弹出"打印"对话框，进行设置，如图 9-18 所示。其中打印区域选为窗口后，窗口按钮可用，AutoCAD 将提示指定窗口角点，捕捉缩放后的 A3 图框块的左上角和右下角的角点，形成的窗口区域即为将打印的范围。

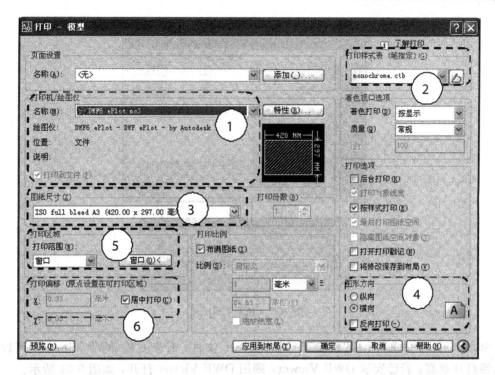

图 9-18 "打印"对话框

Step 5. 单击 预览(P)... 可预览打印效果，如图 9-19 所示。若有不正确的地方，此时可关闭预览重新设置。

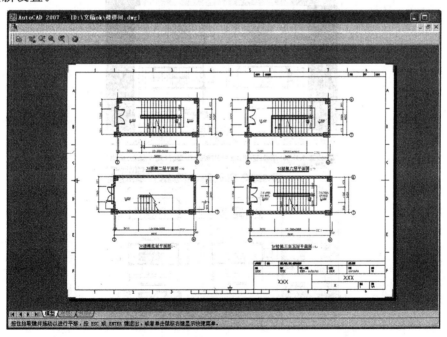

图 9-19 预览打印效果

Step 6. 单击 或右键菜单选择"打印"执行打印任务，由于是电子打印，最终结果为 dwf 文件，故 AutoCAD 将提示文件保存位置及文件名，确定后显示打印进度，如图 9-20 所示。

图 9-20 执行打印任务

Step 7. 打印完成后生成"楼梯间－Model. dwf"文件，若未安装 DWF Viewer，可以用 IE 浏览器打开观察；若已安装 DWF Viewer，则用 DWF Viewer 打开，如图 9-21 所示。

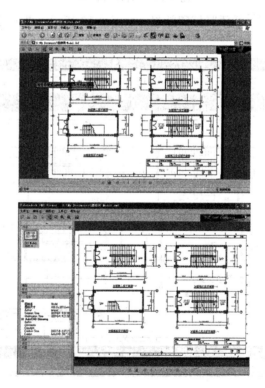

图 9-21 打印完成

上机训练

上机 1　创建一个打印样式表

【题目】

打开"练习 9-1 创建一个打印样式表.dwg"布局创建一个打印样式表，具体要求如下：

- 打印样式表名称为"黑白工程图打印样式"。
- 所有颜色对象输出均为黑色。
- 颜色 1 线宽为 1.2mm，颜色 2 线宽为 0.5mm，颜色 3 线宽为 0.15mm，颜色 5 线宽为 0.1mm，其他的线宽为 0.25mm。

上机 2　创建一个 A2 的布局

【题目】

打开"练习 9-2 创建一个 A2 的布局.dwg"创建一个 A2 的布局，具体要求如下：

- 所有颜色对象输出均为黑色。
- 粗实线为 0.5mm，中实线为 0.25mm，细实线为 0.18mm，标注细线宽为 0.15mm。

理论复习题

【选择题】

1. 打印时若需将不同颜色的对象赋予不同的线宽，应在(　　)设置参数。

A. 打印机配置编辑器　　　　　　　　B. 特征对话框

C. 打印样式表　　　　　　　　　　　D. AutoCAD 设计中心

2. AutoCAD 中将矢量文件打印成像素文件时，若需设置像素值，应(　　)。

A. 重新添加打印机

B. 在"打印机配置编辑器"中自定义图纸尺寸

C. 修改打印样式表参数

D. 只能通过 Photoshop 等软件实现

3. 在图形输出时要使图形中红色的实体不被输出应进行(　　)工作。

A. 删除图形中红色的部分

B. 将红色的层冻结

C. 将红色的层加锁

【问答题】

1. 打印图形时，一般应设置哪些打印参数？如何设置？

2. 打印图形的主要过程是什么？

3. 设置打印参数后，应如何保存对这些参数的设置，以便以后再次使用？

4. 从模型空间出图时，怎样将不同比例的图纸放在一起打印？

5. 有哪两种类型的打印样式？它们的作用是什么？

6. 怎样生成电子图纸？

7. 从图纸空间打印图形的主要过程是什么？

第 10 章　三维立体造型

课前导读

【概述】	今天，越来越多的设计要用三维造型来表达，AutoCAD 具有很强的三维造型功能，可以将对象清晰而形象地表达出来，其表现方式是对二维平面图的补充与提高。				
【技能要求】	较好地理解三维概念，感知三维立体，能使用 AutoCAD 观察三维立体模型。 能使用 AutoCAD 绘制基本实体，并进行简单的三维编辑，能与 3D 渲染人员配合完成简单的建筑 CAD 建模工作。				
【学习内容】	课堂讲解	【知识点】	基础	重点	难点
		10.1　三维对象的观察	☑	☑	☑
		10.2　用"视觉样式"观察三维图形	☑	☑	
		10.3　三维实体模型的创建	☑		☑
		10.4　三维实体模型的编辑修改	☑	☑	☑
	操作实例	实例 1　绘制桌子三维模型 实例 2　建立玻璃杯模型			
	上机训练	上机 1　绘制房间模型 上机 2　绘制门把手 上机 3　绘制门 上机 4　绘制窗户 上机 5　绘制画框			
	理论复习题	填空题			

课堂讲解

10.1　三维对象的观察

在三维空间工作时，往往需要在不同的方位来观察三维对象。AutoCAD 提供了多种方法来实现在各个角度观察对象，预定义的三维视图可以快速实现常用的视图切换，而动态观察器则实现在任意角度自由灵活的观察对象。

10.1.1　使用预置三维视图

◆ 调用方式

	菜单栏：	"视图"→"三维视图"（图 10-1）
	工具栏：	"视图"工具栏（图 10-2）
	命令行：	VIEW（图 10-3）

图 10-1 三维视图菜单

图 10-2 "视图"工具栏

◆ 应答界面

执行 VIEW 命令后，将显示视图管理器，可根据需要选择视图，如图 10-3 所示。

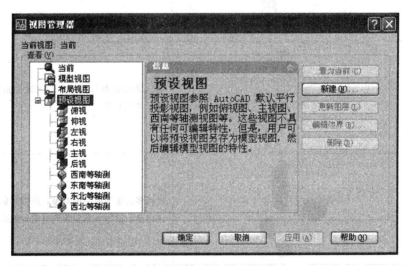

图 10-3 视图管理器对话框

10.1.2 动态观察

在 AutoCAD 中，提供了三维导航工具允许用户从不同的角度、高度和距离查看图形中的对象。选择菜单"视图"→"动态观察"命令中的子命令，可以动态观察视图，如图 10-4 所示。

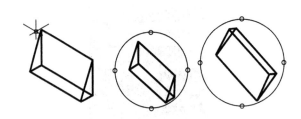

图 10-4　动态观察视图

10.2　用"视觉样式"观察三维图形

10.2.1　视觉样式的分类

AutoCAD 提供了多种显示三维图形的方法，以方便地查看图形的三维效果。观察三维图形有时需要隐藏线来增强图形功能并澄清设计，有时添加着色可生成更真实的模型图像。在 AutoCAD 中，"视觉样式"是一组控制视觉效果的设置，用来控制视口中边和着色的显示。观察三维图形常用以下四种视觉样式，见表 10-1。

表 10-1　观察三维图形常用视觉样式

视觉样式	示　　例	说　　明
三维线框		用直线和曲线表示框架和边界的方法来显示对象
三维隐藏		用三维线框表示对象并隐藏表示后向面的直线，显示消隐效果
真实		着色多边形平面间的对象，并使对象的边平滑化，还将显示已附着到对象的材质，显示效果较真实
概念		着色多边形平面间的对象，并使对象的边平滑化。着色使用古氏面样式，一种冷色和暖色之间的过渡，而不是从深色到浅色的过渡。效果缺乏真实感，但是可以更方便地查看模型的细节

10.2.2 调用方式

▢	菜单栏：	"视图"→"视觉样式"（图 10-5）
⌒	工具栏：	"视图"工具栏（图 10-6）

图 10-5 "视觉样式"菜单   图 10-6 "视图"工具栏

10.3 三维实体模型的创建

AutoCAD 可以实现表面模型和实体模型的创建。表面模型用面描述三维对象，它不仅定义了三维对象的边界，而且还定义了表面即具有面的特征。实体模型不仅具有线和面的特征，而且还具有体的特征，各实体对象间可以进行布尔运算，从而创建复杂的三维实体图形。

10.3.1 创建方式的调用

▢	菜单栏：	"绘图"→"建模"（图 10-7）
⌒	工具栏：	"绘图"→"建模"（图 10-8）

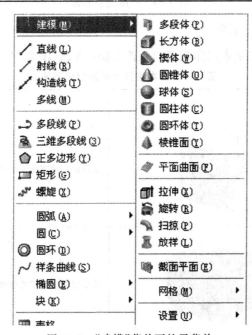

图 10-7 "建模"菜单下的子菜单

图 10-8 "建模"工具栏

在 AutoCAD2007 三维建模界面的右边面板上部有相应的建模面板，如图 10-9 所示。

图 10-9 三维建模界面

10.3.2 基本实体模型列表

AutoCAD 提供了常用基本实体模型的创建方法，见表 10-2。

表 10-2 基本实体模型的创建方法

命 令	示 例	备 注
多段体		多段体在建筑建模时经常用于创建墙
长方体		其中有"立方体"选项可创建等边长方体

（续）

命　令	示　例	备　注
楔体	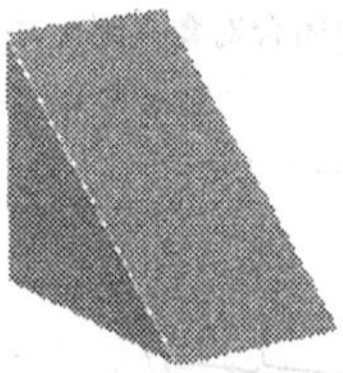	其中有"立方体"选项可创建等边楔体
圆锥体	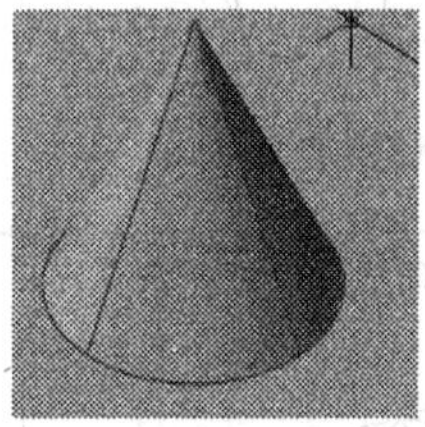	可以以圆或椭圆为底面，将底面逐渐缩小到一点来创建实体圆锥体；也可以通过逐渐缩小到与底面平行的圆或椭圆平面来创建圆台
球体		可以使用三点、两点、相切、半径等方法来创建
圆柱体	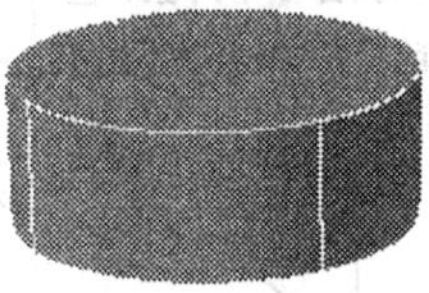	可以使用"轴端点"选项确定圆柱体的高度和方向
棱锥体	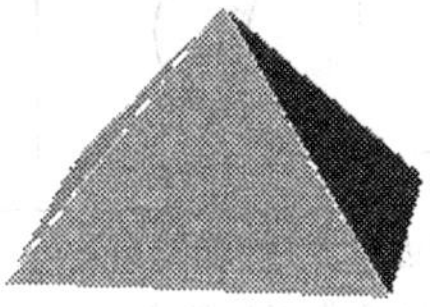	可以定义棱锥体的侧面数（介于 3 到 32 之间），可以使用"顶面半径"选项创建棱台
圆环体		圆环体由两个半径值定义，一个是圆管的半径，另一个是从圆环体中心到圆管中心的距离

10.3.3　在二维图形基础上创建三维模型

要绘制的三维模型往往并不是基本实体模型，而在建筑装饰的三维建模时经常有二维图形作为参考，如平面、立面、剖面图等。AutoCAD 提供了在二维图形基础上创建三维模型的方法，熟练掌握这些方法可以快速地在二维图形基础上创建三维模型，见表 10-3。

表 10-3　在二维图形基础上创建三维模型的方法

命令	说明及示例	备注
拉伸	可以通过拉伸选定的对象创建实体和曲面，如果拉伸闭合对象，则生成的对象为实体；如果拉伸开放对象，则生成的对象为曲面 拉伸倾斜角为 0°　　拉伸倾斜角为 15°　　拉伸倾斜角度为 −10°	具有相交或自交线段的多段线以及包含在块内的对象无法被拉伸
旋转	可以通过绕轴旋转开放或闭合对象来创建实体或曲面，旋转对象形成实体或曲面的轮廓	每次只能旋转一个对象。包含在块中的对象、有交叉或自干涉的多段线不能被旋转
扫掠	沿指定路径以指定轮廓的形状绘制实体或曲面，可以扫掠多个对象，但是这些对象必须位于同一平面中，如果沿一条路径扫掠闭合的曲线，则生成实体	扫掠与拉伸不同，沿路径扫掠轮廓时，轮廓将被移动并与路径垂直对齐，然后沿路径扫掠该轮廓
放样	通过对包含两条或两条以上横截面曲线的一组曲线进行放样（绘制实体或曲面）来创建三维实体或曲面，横截面定义了结果实体或曲面的轮廓（形状）	至少必须指定两个横截面。横截面可以是开放的（例如圆弧），也可以是闭合的（例如圆）

10.4　三维实体模型的编辑修改

　　三维图形在编辑时与二维图形一样，也可以对图形进行阵列复制、旋转、镜像复制、倒角等操作。

10.4.1 三维图形编辑的调用

□菜单栏:"修改"→"三维操作",弹出如图 10-10 所示的子菜单。

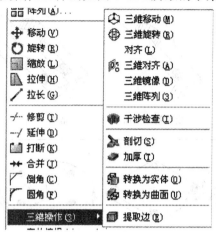

图 10-10 "三维操作"下的子菜单

10.4.2 三维实体模型的编辑修改列表

除了一些专门针对三维对象的编辑命令外,二维图形的大多数编辑操作方法可以用于对三维图形的编辑,但三维图形的操作对象要考虑三个坐标,因此同样的命令对于二维对象和三维对象有时会出现不同的选项。三维实体模型常用编辑修改命令见表 10-4。

表 10-4 三维实体模型的编辑修改列表

命令	示　例	说　明
三维移动		首先需要指定一个基点,然后指定第二点即可移动三维对象
三维旋转		使对象绕三维空间中任意轴(X 轴、Y 轴或 Z 轴)、视图、对象或两点旋转
对齐		首先选择源对象,指定 3 个点,目标对象同样需要确定 3 个点,与源对象对点对应

（续）

命令	示　例	说　明
三维镜像	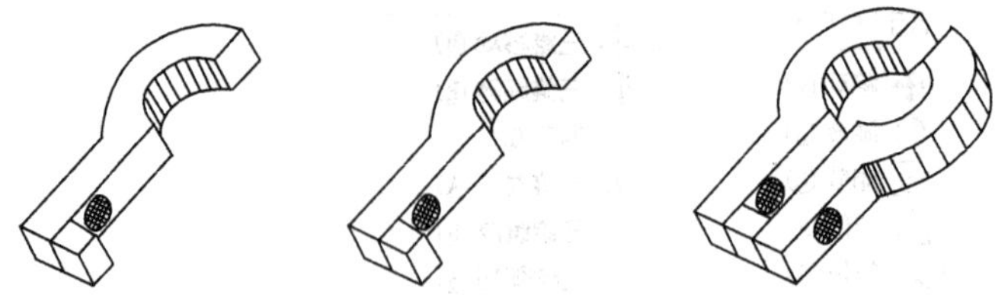 要镜像的对象　　定义镜像平面　　结果	镜像面可以通过3点确定，也可以是对象、最近定义的面、Z轴、视图、XY平面、YZ平面和ZX平面
三维阵列	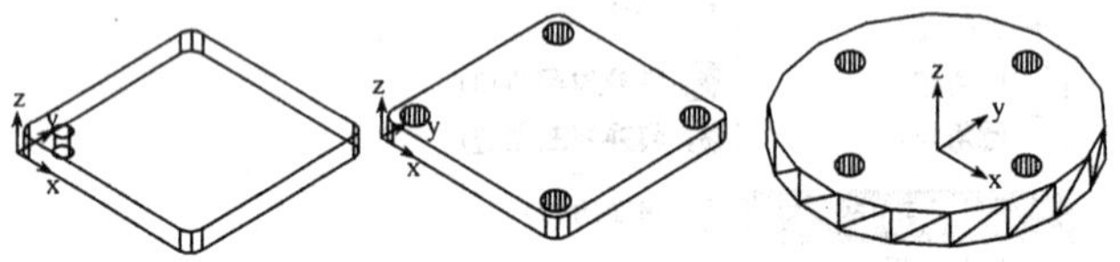	可以在三维空间中使用环形阵列或矩形阵列方式复制对象
倒角	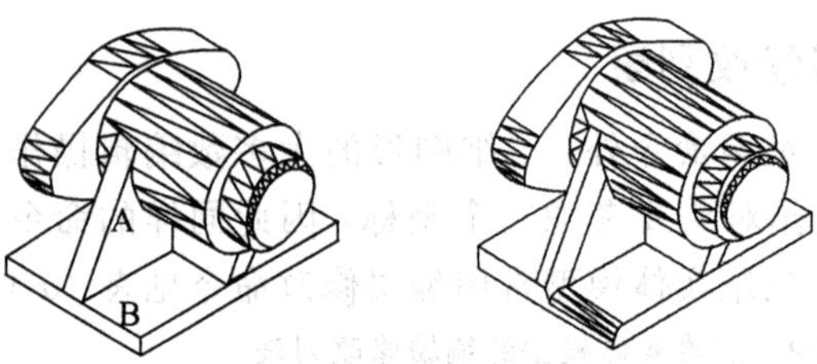	二维编辑中的倒角命令也可以给三维实体的相邻面加倒角，既可倒斜角，也可倒圆角

10.4.3　布尔运算

以两个或多个实体创建复合实体常用布尔运算，包括并集、差集、交集，见表10-5。

表 10-5　布尔运算命令说明

命令	示　例	说　明
并集 UNION 	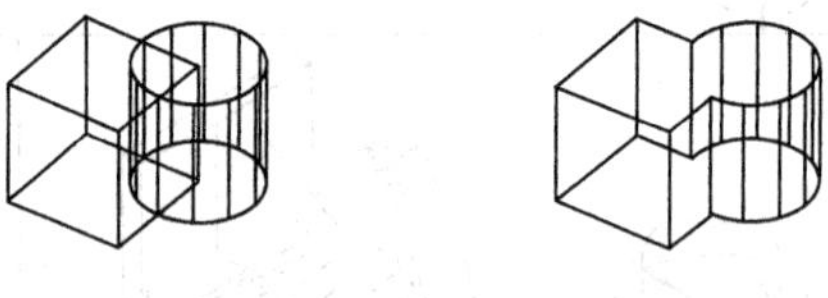 使用 UNION 之前的实体　　使用 UNION 之后的实体	将多个相交或相接触的对象组合成一个新实体。当组合一些不相交的实体时，看起来还是多个实体，但实际上已成为一个对象
差集 SUBTRACT 	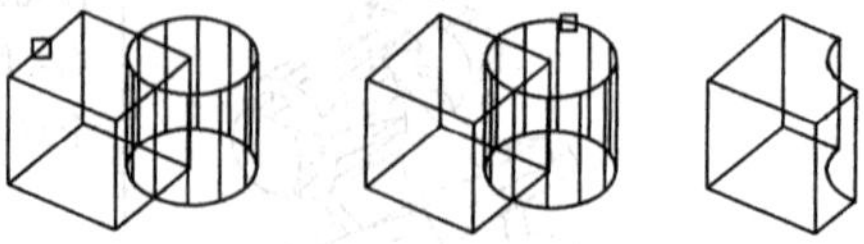 要从中减去对象的实体　　要减去的实体　　使用 SLBTRACT 后	从一些实体中去掉部分实体，从而得到一个新的实体

（续）

命令	示　例	说　明
交集 INTERSECT 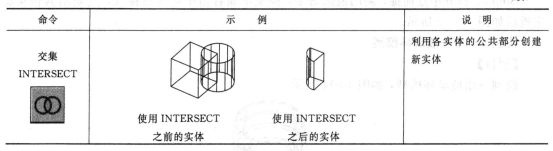	使用 INTERSECT 之前的实体　　　　使用 INTERSECT 之后的实体	利用各实体的公共部分创建 新实体

◆ 调用方式

▭	菜单栏：	"修改"→"实体编辑"(图 10-11)
⌖	工具栏：	"实体编辑"(图 10-12)

图 10-11　"实体编辑"下的子菜单

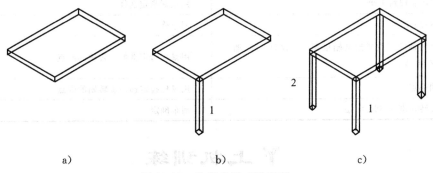

图 10-12　"实体编辑"工具栏

操作实例

实例 1　绘制桌子三维模型

【题目】

绘制桌子三维模型，如图 10-13 所示。

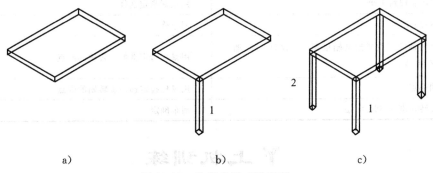

a)　　　　　　　　　　　b)　　　　　　　　　　　c)

图 10-13　绘制桌子三维模型

a) 绘制桌面　b) 绘制第一条桌腿　c) 绘制结果

【操作步骤】

Step 1. 调用长方体命令，绘制桌面，如图 10-13a 所示。

Step 2. 调用长方体命令，在桌子角点处绘制第一条桌腿，如图 10-13b 所示。

Step 3. 打开中点捕捉，调用镜像命令，捕捉桌面各边中点为镜像线，复制出其他桌腿，完成后如图10-13c所示。

实例2　建立玻璃杯模型

【题目】

绘制三维玻璃杯模型，如图10-14所示。

图10-14　玻璃杯模型

【操作步骤】

Step 1. 利用圆、直线、偏移、修剪等命令画出酒杯剖面图，如图10-15所示。

图10-15　酒杯剖面图

Step 2. 调用旋转命令，应答如下：

命令：_revolve↙	启动命令
当前线框密度：ISOLINES＝4	系统提示线框密度参数
选择对象：找到 1 个	用鼠标指定选择
选择对象：↙	回车确定
指定旋转轴的起点或定义轴依照［对象(O)/X 轴(X)/Y 轴(Y)]：	用鼠标指定选择旋转轴的起点
指定轴端点：	用鼠标指定选择旋转轴的端点
指定旋转角度＜360＞：↙	回车确定

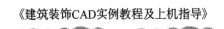 上机训练

上机1　绘制房间模型

【题目】

打开"练习10-1 三维建模户型图.dwg"，用边界、拉伸、UCS、布尔运算等命令创建房间模型，如图10-16所示。

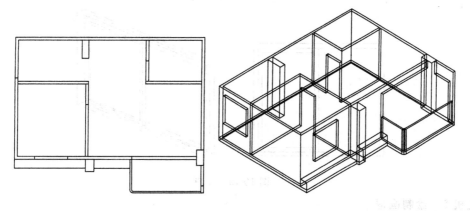

图 10-16　房间模型

上机 2　绘制门把手

【题目】

用边界、拉伸（路径）、UCS、布尔运算等命令完成门把手的绘制，如图 10-17 所示。

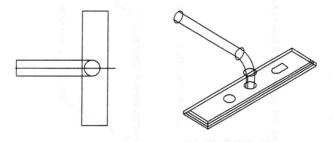

图 10-17　门把手

上机 3　绘制门

【题目】

用边界、拉伸、UCS、布尔运算等命令完成门的绘制，如图 10-18 所示。

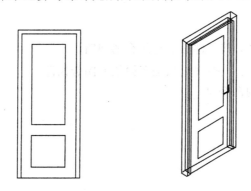

图 10-18　面门

上机 4　绘制窗户

【题目】

用边界、拉伸、UCS、布尔运算等命令完成窗户的绘制，如图 10-19 所示。

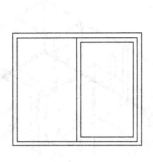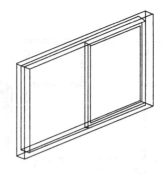

图 10-19　窗户

上机 5　绘制画框

【题目】

用边界、拉伸（路径）、UCS、布尔运算等命令将完成画框的绘制，如图 10-20 所示。

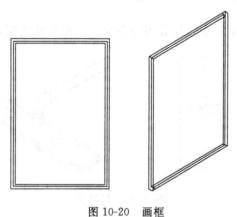

图 10-20　画框

理论复习题

【填空题】

1. ⬜是_____命令，其条件必须是闭合的回路。

2. ⬛是_____命令，其条件必须是多段线或闭合回路。

3. 新建一个坐标系的命令是_____。

下篇 （实战篇）

AutoCAD 行业应用案例

第 11 章　AutoCAD 绘图经验与常用技巧

📖 相关知识

11.1　养成良好的绘图习惯

良好的绘图习惯可以使绘图者在运用 AutoCAD 进行图形绘制时事半功倍：查找图纸方便、绘图速度加快、图形布局更合理、图形的修改和后续专业的再设计更方便。此外，可以将遇到意外情况（如死机、断电等）时所遭受的损失降到最低。因此，要想成为一个真正的 AutoCAD 绘图设计好手，必须从一开始就养成良好的绘图习惯。

计算机绘图跟手工画图一样，也要做一些必要的准备。设置一个自己熟悉的 AutoCAD 绘图环境对提高绘图速度和工作效率相当重要。如设置图层、线型、标注样式、目标捕捉、单位格式、图形界限等。此外，学习一些绘图经验、掌握一些常用的绘图技巧和各种实用招数，对迅速提高绘图能力大有裨益。

1. 图形文档的管理

图形文档应该有固定的命名规则，以便自己或后续专业绘图者查找方便且可以通过图名了解图纸的大致内容，从而提高工作效率。每个工程的图形文档应当分别建立文件夹，方便查找。图形文档若没有固定的文件夹放置，而是随意乱放，甚至放在 AutoCAD 数据夹内，那么查找文档就会繁锁。

2. AutoCAD 环境的设定

学会制定自己专属的 AutoCAD 绘图环境，如设置固定的常用命令快捷键方式、固定的次常用命令按钮编排和编辑、固定的颜色和出图线宽，还有如何在 AutoCAD 重装后迅速恢复自己专属的 AutoCAD 绘图环境等。

3. 命令输入方式的选择

许多初学者习惯用鼠标在屏幕上点取相应命令的按钮进行绘图操作，或利用下拉菜单选取命令来进行操作。这种鼠标的图标操作容易掌握，不需要记太多复杂指令。利用键盘指令操作，准确且操作速度快，但难度大。另外，还可以用左手在工具栏上输入命令的英文简写，右手按鼠标右键进行确认。很明显，通过左手键盘、右手鼠标的配合，速度快、操作也流畅。

4. 使用 AutoCAD 的快捷键

除了常用的绘图、编辑命令外，AutoCAD 还有许多命令有对应的快捷键，见表 11-1。

表 11-1　AutoCAD 常用快捷键与功能

快捷键	功能或其他对应命令	快捷键	功能或其他对应命令
F1	获取帮助(HELP)	Ctrl+O	打开文件(OPEN)
F2	作图窗口和文本窗口的切换	Ctrl+N	新建文件(NEW)
F3	对象自动捕捉(OSNAP、Ctrl+F)	Ctrl+P	打印文件(PRINT)
F7	栅格显示模式控制(GRIP)	Ctrl+S	保存文件(SAVE)
F8	正交模式控制(ORTHO)	Ctrl+Z	放弃(UNDO)
F9	栅格捕捉模式控制(Ctrl+B)	Ctrl+X	剪切(CUTCLIP)
F10	极轴模式控制	Ctrl+C	复制(COPYCLIP)
Ctrl+1	修改特性(PROPERTIES)	Ctrl+V	粘贴(PASTECLIP)
Ctrl+2	设计中心(ADCENTER)	Ctrl+K	超级链接

5. 图层的管理

合理设置需要的图层，可以事半功倍。画图初始，预先设置一些基本层，每层有其专门用途，这样只须画出一份图形文件，就可以组合出许多需要的图纸，需要修改时也可以针对图层进行。在需要分层或分层不确定的情况下，尽量多设置合理图层，并给不同的图层设置不同的颜色。

6. 采用 1:1 比例绘图

画图比例和输出比例是两个概念。绘制 CAD 图形的时候最好使用 1:1 比例，输出时再设定出图比例。用 1:1 比例画图无需考虑比例换算，直观、易标注。

7. 存盘的习惯

在选项中可以设置自动保存的时间，把默认的 120 分钟改为其他较短的时间，如 10 分钟或更短，设置方法为："工具"→"选项"→"打开和保存"→"文件安全措施"→"更改自动保存时间"→"确定"，如图 11-1 所示。

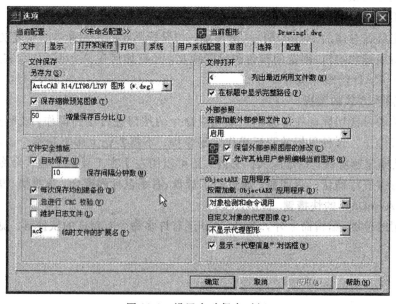

图 11-1　设置自动保存时间

●注：遇文件意外关闭时，可在"工具"→"选项"→"文件"→"自动保存文件位置"指向处查找挽救文件，在需要时可更改自动保存文件位置。

8. 对 dwg 图形文件进行"清理"

绘图结束后，图形中会留有许多多余的图层和图块，占据一定的图形空间。必要时，消除 dwg 文件中多余的图层和图块。图层清理后的图形大小甚至可以是原图的 1/10。调用方式为："文件"→"绘图实用程序"→"清理"→"全部"。

11.2　AutoCAD 的字体

1. AutoCAD 字体显示情形

AutoCAD 设计软件自带字体，存放在安装目录下的 fonts 文件夹中。打开图形文件时，AutoCAD 自动根据图形中的文字样式定义，在 AutoCAD 支持的文件搜索路径（图 11-2）中查找字体文件。如果没有找到所需要的字体文件时，AutoCAD 将弹出一个对话框提示选择代替字体（图 11-3）。当选择的字体不正确时，打开的图形中将有部分或全部文字显示为"？"，表示此文字在现在的文字定义下不能正确显示。

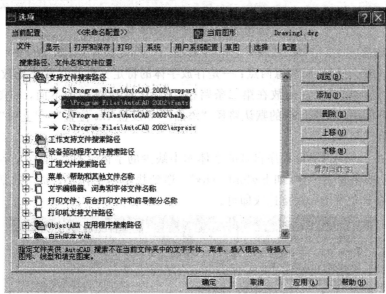

图 11-2　文字加载的默认路径

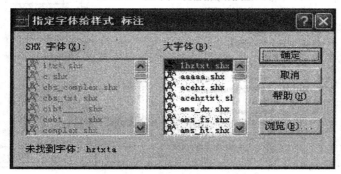

图 11-3　指定字体给样式

2. AutoCAD 字体正确显示方法

方法一：在"文字样式"对话框中选择合适的文字样式。设置方法为："格式"→"文字样式"→"字体"，如图 11-4 所示。

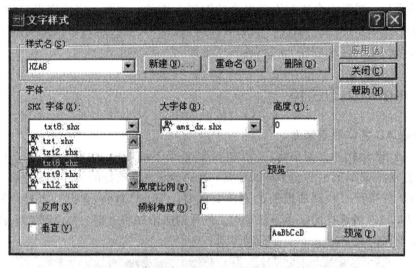

图 11-4　文字样式的修改

方法二：收集 CAD 字体，然后将它们存放在一个特定文件夹（如 txt）中，并在程序中设置好加载路径（图 11-5）。应注意两点：一是存放字体的特定文件夹尽量不要放在 C 盘。二是在程序中设置好加载路径一般放在第二条路径，即 support 路径的下面，如图中的 D：\fz\txt。如图 11-5 所示，文字加载的默认路径："添加"→"设置 txt 位置"→"上移"到第二条路径→"应用"→"确定"

方法三：由于 AutoCAD 程序自带的字体库中缺少的字体文件往往是大字体文件。把常用的字体另存、改名为大字体（如 bigfont. shx），遇到找不到字体文件时，对话框上 bigfont. shx 位于首位备选位置上，直接选取即可。

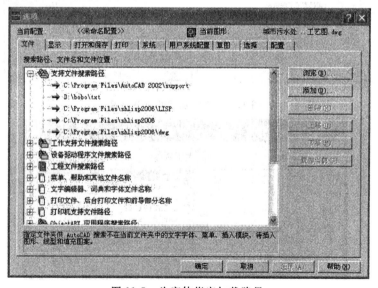

图 11-5　为字体指定加载路径

11.3　AutoCAD 的图形输出到 Word 文档

在一些场合中往往需要在 Word 文档制作中插入 AutoCAD 图形，但插入时会有黑色背景。可以进行以下处理：

首先将绘图窗口背景颜色设置为白色。方法为："工具"→"选项"→"显示"→"颜色"→"颜色选项对话框"→"模型空间背景"→"颜色（选择白色）"→"应用"→"确定"，具体如图 11-6 所示。

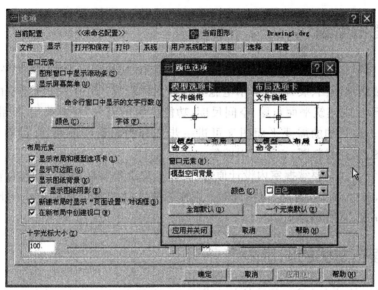

图 11-6　设置绘图窗口背景颜色

将 AutoCAD 图形输出到 Word 文档中包括两种方法。

方法一：将 AutoCAD 图形复制到剪贴板，再在 Word 文档中粘贴。这种方法仅能在 AutoCAD 图形打开时使用，类似于 AutoCAD 中的复制和粘贴操作。

方法二：用 AutoCAD 提供的输出功能先将 AutoCAD 以 .bmp 或 .wmf 等格式输出，然后插入 Word 文档。这种方法可以实现对输出后图形的多次使用，类似于 AutoCAD 中的块制作操作。

AutoCAD 图形插入 Word 文档后，往往空边过大，效果不理想。利用 Word 图片工具栏上的裁剪功能进行修整，空边过大问题即可解决。

11.4　错误文件的恢复

在"文件"菜单中选择"绘图实用程序"中"修复"项，在弹出的"选择文件"对话框中选择要恢复的文件后确认，系统开始执行恢复文件操作。如果用"修复"命令不能修复文件，则可以新建一个图形文件，然后把旧图用图块的形式插入在新图形中，也能解决问题。

如果打开 CAD 图某一百分数（如 30%）时就停住，说明图纸不一定被损坏。把电脑内的非 AutoCAD 提供的矢量字体文件删除（移到别的地方）后再重试。

第12章 平面图的绘制

相关知识

12.1 平面图常识

建筑装饰工程施工图一般由装饰设计说明、平面图、楼地面平面图、顶棚平面图、室内立面图、墙(柱)面装饰剖面图、装饰详图、水电施工图等图样组成,其中平面图是室内布置设计中重要的图样,用于反映建筑平面布局、空间尺度、功能区域的划分、材料选用、绿化及陈设的布置等内容。根据表达目的的需要平面图又可进一步细分为原始平面图、平面布置图、墙体定位图、家具定位图、地面材料图、立面索引图等。

平面图的设计首先要掌握室内设计原理、人体工程学等学科知识,布置时要注意设计功能空间,如玄关、餐厅、厨房、客厅、卫生间等,还应根据人体工程学来确定空间尺寸,如过道宽度、楼梯踏步高度、宽度等。

12.2 平面布置图的图示内容

1) 建筑平面的基本内容,如墙柱与定位轴线、房间布局与名称、门窗位置(编号)、门的开启方向等。

2) 室内楼(地)面标高。

3) 室内固定家具、活动家具、家用电器等的位置。

4) 装饰陈设、绿化美化等位置及图例符号。

5) 室内立面图的内饰投影符号(按顺时针从上至下在圆圈中编号)。

6) 室内现场制作家具的定形、定位尺寸。

7) 房屋外围尺寸及轴线编号等。

8) 索引符号、图名及必要的说明等。

☙注:楼地面平面图主要反映地面装饰分格情况、拼花、材料等,通常也将楼地面平面图和平面布置图绘制在一起,这样在一张平面中,就可以表现更多的内容,如地面布置情况、地面的装饰风格、标注尺寸、色彩、地面标高等。

教学实例

实例 绘制建筑平面图并完成平面方案设计

【题目】

绘制如图12-1所示某酒店建筑平面图,并进一步完成平面方案设计,绘制平面布置图、

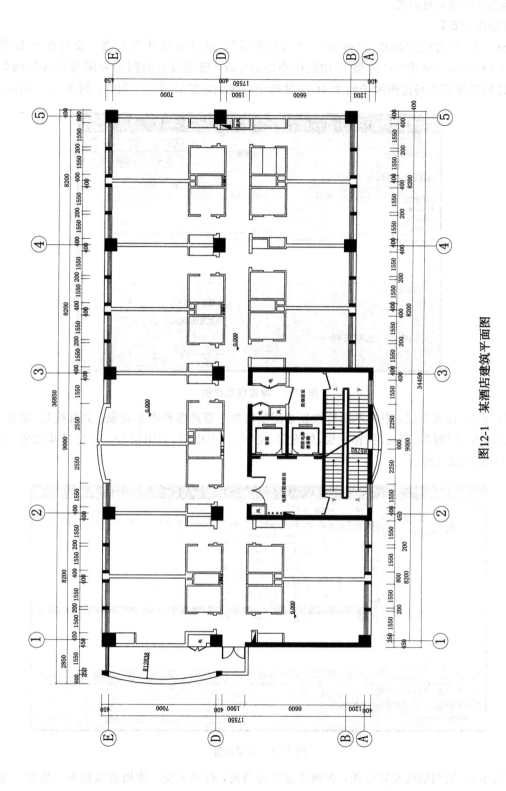

图12-1　某酒店建筑平面图

墙体定位图、地面材料图。

【操作步骤】

Step 1. 设置绘图环境："格式"→"图形界限"，以总体尺寸为参考，设置图形界限为40000×33000。"格式"→"线型"，加载中心线 center，根据设置的图形界限与模板的图形界限的比值设置其全局比例因子约为100，使得中心线能正常显示为点划线，如图12-2 所示。

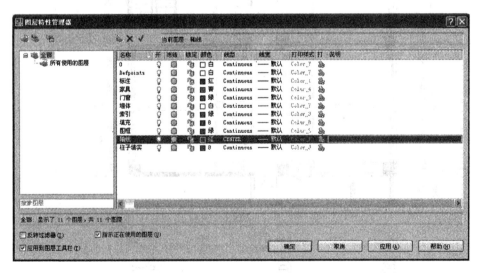

图 12-2　设置线型比例

Step 2. 设置图层：根据不同特性创建图层以便于管理各种图形对象，如轴线层、墙体层、柱子填实层、门窗层、家具层、标注层、填充层、文字层、图框层、索引层等，并设置其颜色、线型等特性如图12-3 所示。

图 12-3　图层设置

Step 3. 绘制轴线及定位线：将轴线层置为当前，打开正交，使用直线命令，绘制一条超过总长的横线和一条超过总宽的竖线，然后使用偏移命令得到其他轴线和定位线，结果如

图 12-4 所示。

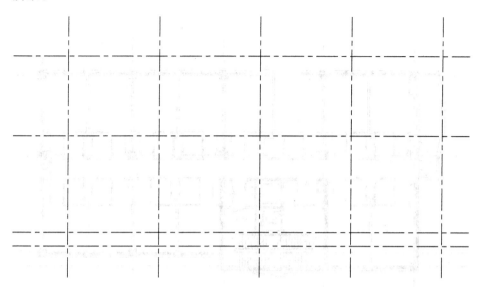

图 12-4 绘制轴线

Step 4. 绘制柱子和墙体：将柱子层置为当前，根据尺寸绘制并填充柱子，复制并调整其位置（也可用创建或调用图块的方法插入柱子）；将墙体层置为当前，并在定位线的基础上使用偏移命令得到墙体（有时也可用多线命令绘制墙体），并对剪力墙进行实心填充；使用复制、镜像或阵列等方法可加快绘图速度，进一步使用偏移、修剪命令，完成门洞、窗洞的绘制，如图 12-5 所示。

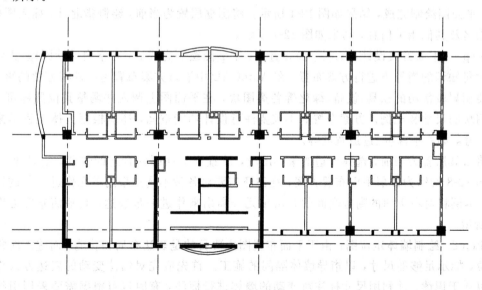

图 12-5 绘制柱子和墙体

Step 5. 绘制门窗、楼梯及其他细部：将门窗层置为当前，创建或调用门、窗的图块，并在上图基础上插入门窗图块，如图 12-6 所示。进一步绘制楼梯、电梯及电井、风井等其他细部，并在需要的地方添加一些文字说明，完成平面图的图形部分绘制如图 12-6 所示。

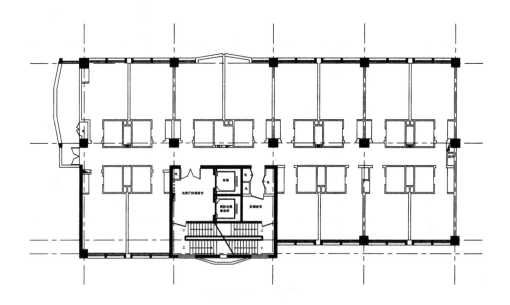

图 12-6　绘制门窗、楼梯及其他细部

Step 6. 尺寸标注并插入图框，完成建筑平面图的绘制：将标注层置为当前，设置正确的标注样式，使用标注工具对平面图进行尺寸标注，并用属性块的方法标注轴号，关闭轴线层，至此，平面图绘制完成，结果如图 12-1 所示。将图框层置为当前，绘制指北针，插入图框，并书写图名及其他相关信息，结果如图 12-7 所示。

Step 7. 平面方案设计，绘制平面布置图：平面图绘制完成后，在室内设计原理、人体工程学等学科知识的指导下进行方案布置，在 AutoCAD 中进行方案布置是一件很方便的事情，前提是要积累较常用的家具、设备、绿化等各类图块，在平面图上调入并调整其位置即可，但要注意图块的尺寸和比例。方案布置时不仅要注意设计功能空间，还应根据人体工程学来确定空间尺寸，如衣柜深度、过道宽度等。

将家具层置为当前，选择合适的家具图块，放置到平面图内合适的位置，结果图 12-8 所示。图 12-8 所示为楼层平面布置方案，往往还需要对各种不同户型的单元作进一步的讨论和表达，本例将对右下角的商务套间的客房单元分离出来作进一步表达，其平面布置方案如图12-9 所示。

Step 8. 绘制墙体定位图：由于平面布置图主要目的是表达布局和功能，而施工时需要准确定位，标示足够的尺寸，以指导墙体隔间的施工。首先应先对墙体变动的表达方式作图例说明以便于识读，并利用尺寸标注对变动的墙体进行标注，有时也可根据需要采用引线标注对部分尺寸进行说明，结果如图 12-10 所示。

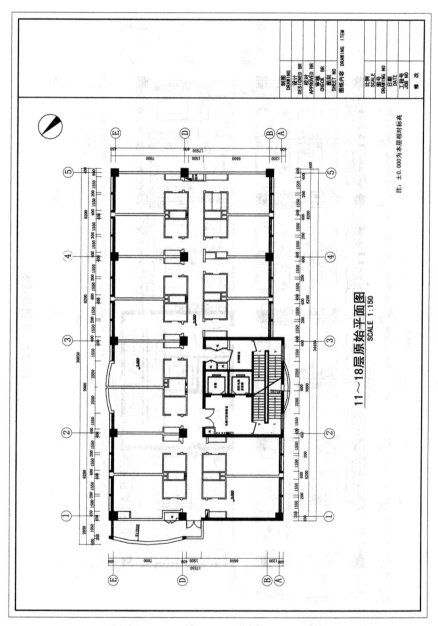

11～18层原始平面图
SCALE 1:150

图12-7　原始平面图完成后

注：±0.000为本层相对标高

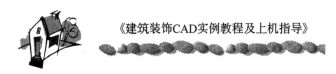

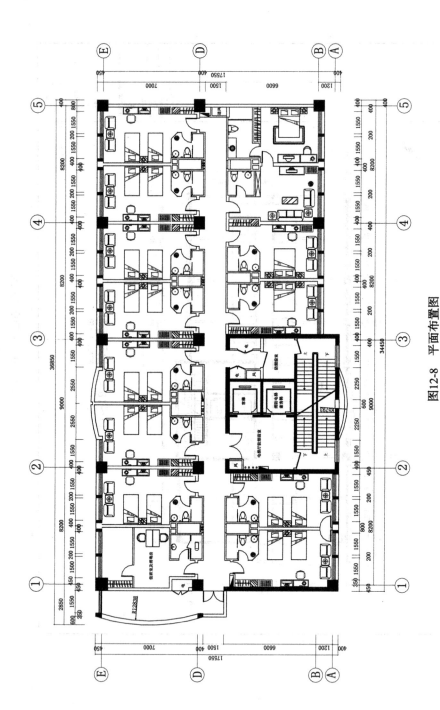

图12-8 平面布置图

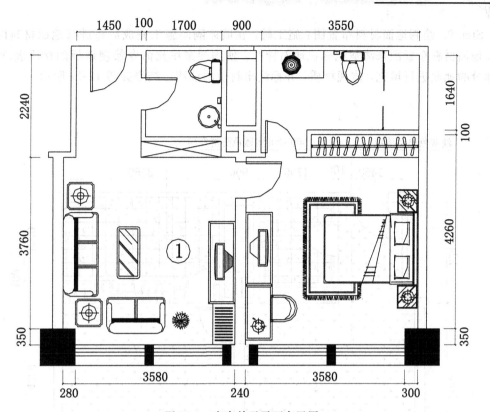

图 12-9　客房单元平面布置图

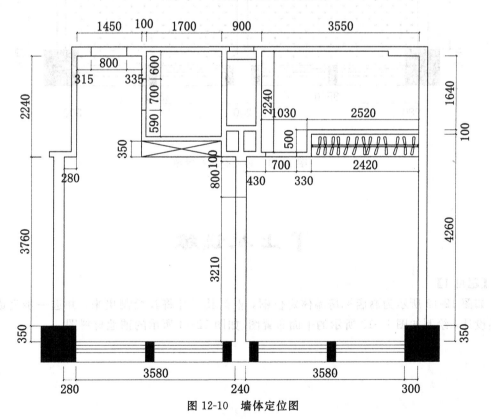

图 12-10　墙体定位图

Step 9. 绘制地面材料布置图：施工时，在墙体隔间施工完成后将进行地面材料的铺贴，需要地面材料布置图来清楚地标识地面材料。使用图案填充命令绘制地板的材质表现，对各个部分的地面进行填充，体现材质，并标注出材质的说明。结果如图 12-11 所示。

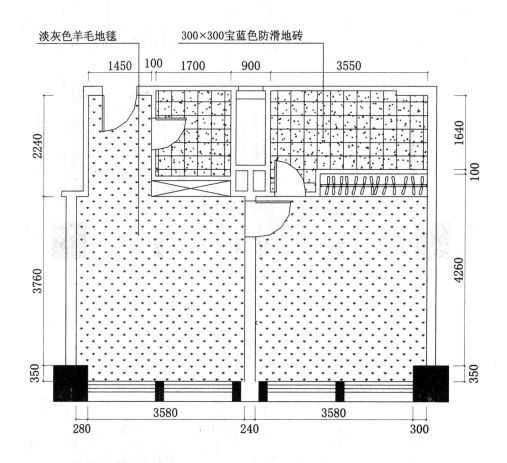

图 12-11　地面材料布置图

上机训练

【题目1】

如图 12-12 所示为酒店标房墙体定位图，根据其尺寸将其绘制出来，并进一步完成平面方案设计，绘制如图 12-13 所示的平面布置图、如图 12-14 所示的铺地材料图。

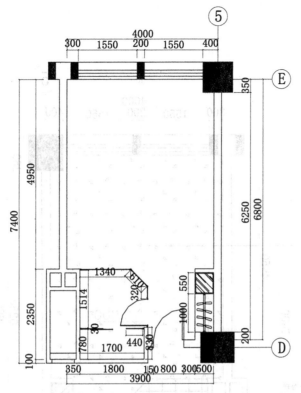

图 12-12　酒店标房墙体定位图

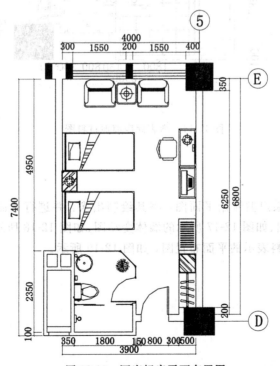

图 12-13　酒店标房平面布置图

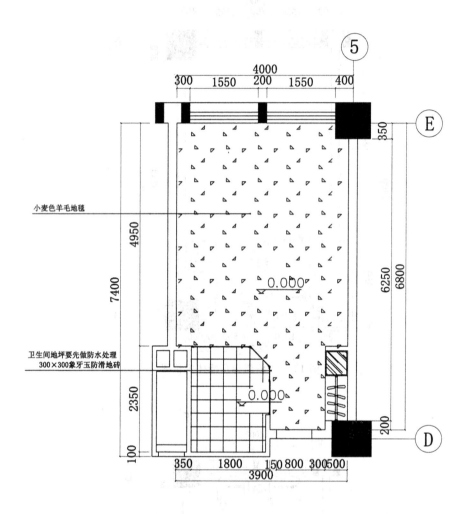

图 12-14　酒店标房铺地材料图

【题目2】

如图 12-15 所示为某户型原始平面图，将其绘制出来，并进行平面方案设计，绘制如图 12-16 所示的平面布置图、如图 12-17 所示的墙体变动图、如图 12-18 所示的地面材料图，最后尝试绘制一张含地面材料表示的平面布置图，如图 12-19 所示。

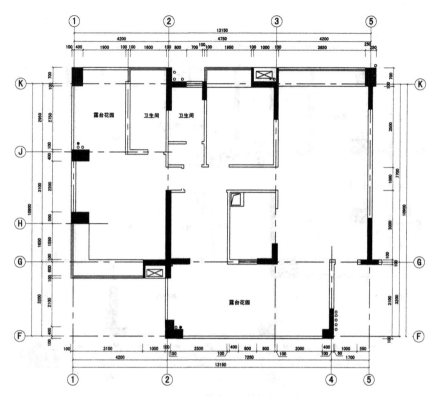

图 12-15　某户型原始平面图

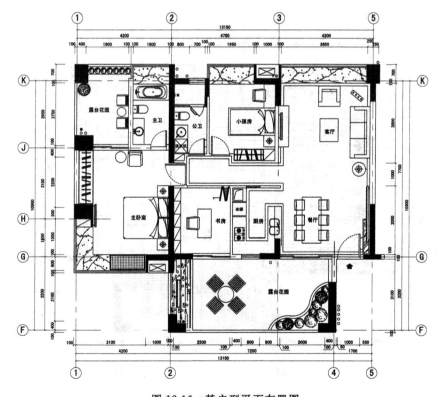

图 12-16　某户型平面布置图

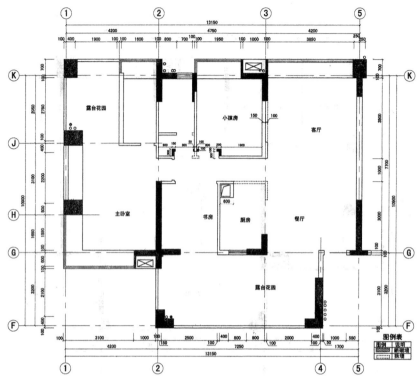

图 12-17　某户型墙体变动图

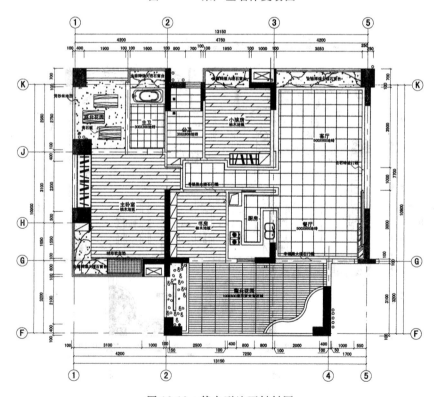

图 12-18　某户型地面材料图

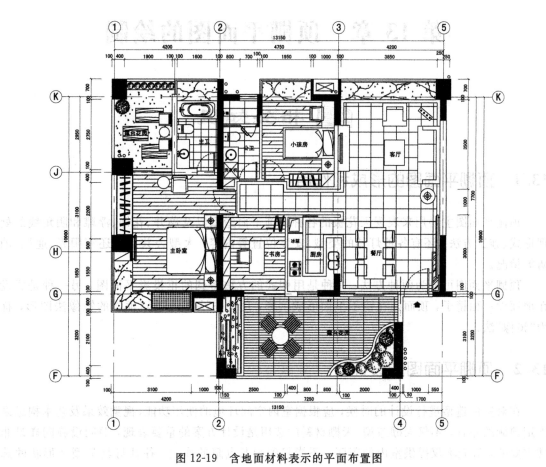

图 12-19 含地面材料表示的平面布置图

第13章 顶棚平面图的绘制

相关知识

13.1 顶棚平面图的形成和作用

顶棚平面图主要用来表现天花板的各种装饰平面造型以及藻井、花饰、浮雕和阴角线的处理形式、施工方法，还有各种灯具的类型、安装位置等内容，大型公共场所还有阳光、通风、消防等情况。

顶棚平面图可分为两种方法：一种是用仰式的方法得到的正投影平面图，另一种是假设在地面设一面镜子，顶面则在镜子里面形成倒影，用此方法即可得到顶面的镜像法图形，称为"镜像"法。

13.2 顶棚平面图的设计

在对室内造型进行设计的时候，应根据室内空间环境的使用功能、视觉效果及艺术构思来确定顶棚的布置，不仅天棚造型、天棚材料的选用是设计方案的重要表现，照明设施同样是非常重要的，灯光不仅提供室内的照明，还能起到画龙点睛的作用，往往灯具类型及形状的选择搭配对整个室内装饰效果起到举足轻重的作用。

13.3 顶棚的标高及说明

对造型设计完成后，需要对整个房间层高有清楚的认识、对材料有充分了解。使用文字命令，对整个顶棚进行材料说明，对层高进行说明可使用标高符号，也可用其他适当的表达方式或说明。

13.4 顶棚平面图的识读

- 看造型：观看顶面的各种平面装饰的造型、形式和尺寸大小。
- 看灯具：熟悉各种类型灯具的安装位置、间隔尺寸、安装方式。
- 看材料：熟悉吊顶所用的材料、色彩的搭配。
- 看做法：了解顶面浮雕、花饰、藻井、边角等的施工方法。

13.5 建筑顶棚常用绘图比例

建筑顶棚常用绘图比例见表 13-1。

表 13-1 建筑顶棚常用绘图比例

名称	比例	备注
建筑顶棚平面图	1：200、1：150、1：100	宜与建筑专业一致
装饰详图	1：50、1：30、1：20、1：10、1：5	宜与建筑专业一致

教学实例

实例　商务套房顶棚平面图的绘制

【题目】

在某酒店商务套房的平面布置图(图 12-9)和墙体定位图(图 12-10)的基础上进行顶棚设计，并绘制顶棚平面图。

Step 1. 调入平面图或墙体定位图：在平面布置图的基础上充分考虑照明、排气等功能要求，制定顶棚布置方案，并着手进行绘制。首先调入上一章绘制的平面布置图或墙体定位图，将与顶棚无关的图形元素删除，完成后如图 13-1 所示。

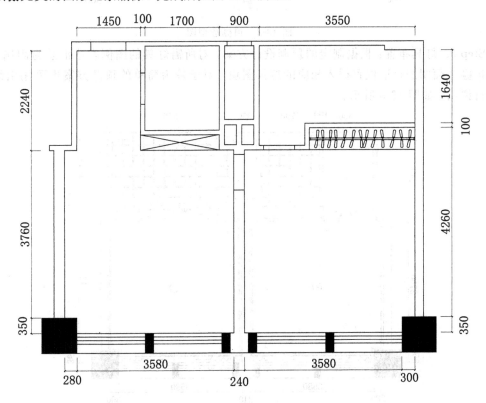

图 13-1　原始结构图

Step 2. 绘制顶棚造型：根据需要使用直线、矩形或填充等绘图命令，并进行偏移、修剪等修改编辑操作，完成顶棚造型的绘制，如图 13-2 所示。

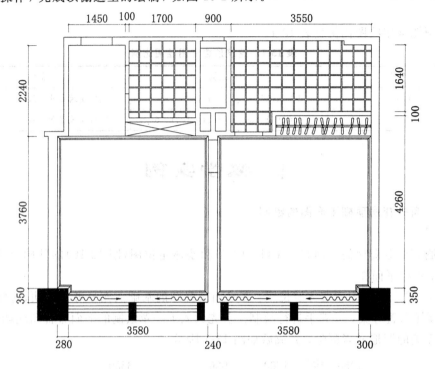

图 13-2　顶棚造型图

Step 3. 灯具布置：根据制定的顶棚设计方案，对所需灯具的图例表达汇总为图例表，然后在顶棚平面图的合适位置插入相应的灯具图块，对于较为简单的顶棚方案也可用引线标注来进行说明，如图 13-3 所示。

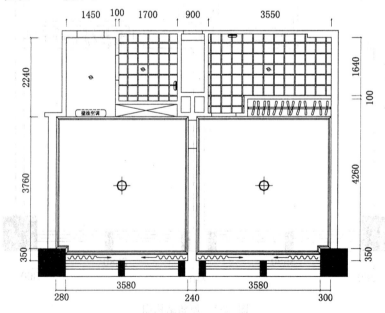

图 13-3　灯具布置图

Step 4. 尺寸标注、标高及文字说明：使用尺寸标注工具对顶棚造型进行标注以指导施工，而标高同样是顶棚造型的重要参数（如果造型较为复杂，简单的标高难以表达清楚，则需要立面图或详图进行表达），为便于顶棚的识读及施工的需要，往往还需要文字说明对顶棚的设备、材料、做法等进行说明，完成后如图 13-4 所示。

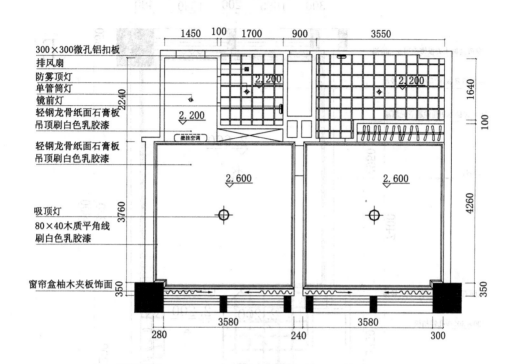

图 13-4　尺寸标注、标高及文字说明

上机训练

【题目 1】

在上一章酒店标房平面布置图（图 12-13）以及酒店标房铺地材料图（图 12-14）的基础上绘制顶棚平面图，如图 13-5 所示。

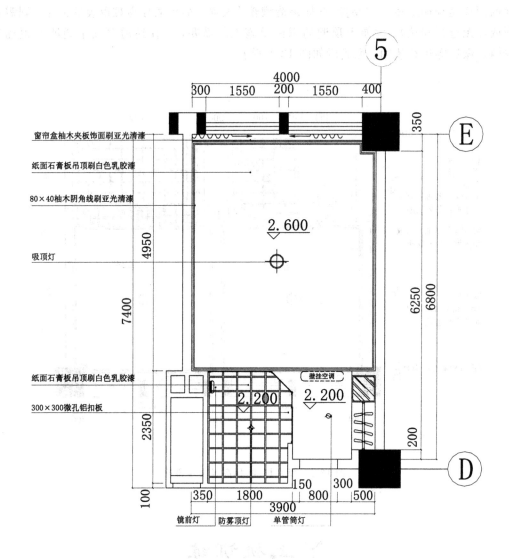

图 13-5 某酒店标房顶棚平面图

【题目 2】

在上一章某户型平面布置图(图 12-16)和墙体变动图(图 12-17)的基础上绘制顶棚平面图,如图 13-6 所示。

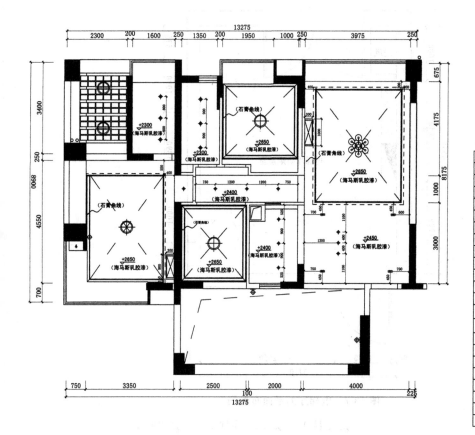

图例表

符号	名称
⊕	暗装筒灯
⊕	防水筒灯
⊕►	射灯
⊕►	超薄小射灯
⊞	方型节能灯
▣▣	双胆灯
⊕ ※	吊灯
⊠	吸顶灯
⊕	壁灯
⎯	暗藏灯带
⌣	镜前灯
⊕	台灯
⊕	落地灯
⊹ ⊹	双轨射灯
⊹ ⊹	单轨射灯
○	地灯
◉	音箱喇叭
▨	排气扇
⌇⌇⌇	窗帘
⌁	单联开关
⌁	双联开关
⌁	三联开关
⌁	单极双控开关

图 13-6　某户型平面天棚图

【题目 3】

在某酒店电梯厅的平面布置图(图 13-7)和地面布置图(图 13-8)的基础上进行顶棚设计,并绘制顶棚平面图,如图 13-9 所示。

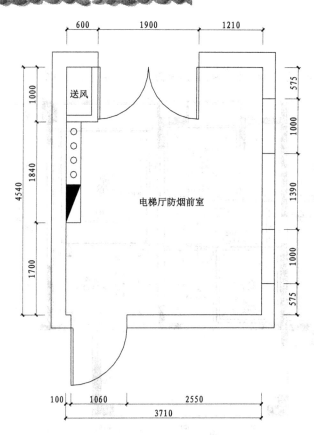

图 13-7 电梯厅的平面布置图

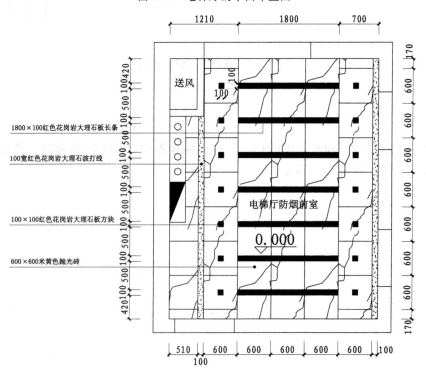

图 13-8 电梯厅的地面布置图

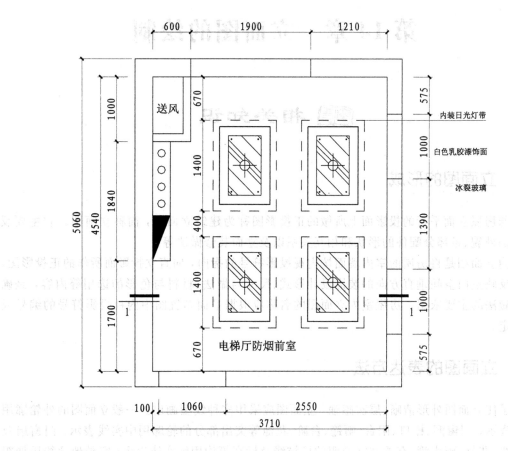

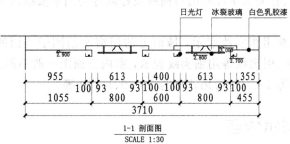

1-1 剖面图
SCALE 1:30

图 13-9　电梯厅的天棚图

第14章 立面图的绘制

14.1 立面图的形成

在与房屋立面平行的投影面上所做的正投影图称为建筑立面图,简称立面图。它主要反映房屋的外貌、各部分配件的形状和相互关系以及立面装修做法等。

室内立面图是将房屋的室内墙面按内视投影符号的指向,向直立投影面所作的正投影图。它用于反映室内空间垂直方向的装饰设计形式、尺寸与做法、材料与色彩的选用等内容,是确定墙面做法的主要依据。房屋室内立面图的名称应根据平面布置图中内视投影符号的编号或字母确定。

14.2 立面图的表达方法

为了使立面图外形清晰、层次感强,立面图应采用多种线型画出。一般立面图的外轮廓用粗实线表示;门窗洞、檐口、阳台、雨篷、台阶、花池等突出部分的轮廓用中实线表示;门窗扇及其分格线、花格、雨水管、有关文字说明的弓描线及标高等均用细实线表示;室外地坪线用加粗实线表示。

室内立面图的外轮廓用粗实线表示,墙面上的门窗及凸凹于墙面的造型用中实线表示,其他图示内容、尺寸标注、引出线等用细实线表示,室内立面图一般不画虚线。

立面图的常用比例为1:50,可用比例为1:30、1:40等。

14.3 立面图的图示内容

1)室内立面轮廓线,顶棚有吊顶时可画出吊顶、叠级、灯槽等剖切轮廓线(粗实线表示),墙面与吊顶的收口形式,可见的灯具投影图形等。

2)墙面装饰造型及陈设(如壁挂、工艺品等),门窗造型及分格,墙面灯具、暖气罩等装饰内容。

3)装饰选材、立面的尺寸标高及做法说明。图外一般标注一至两道竖向及水平向尺寸,楼地面、顶棚等的装饰标高;图内一般应标注主要装饰造型的定形、定位尺寸。做法标注采用细实线引出。

4)附墙的固定家具及造型(如影视墙、壁柜)。

5)索引符号、说明文字、图名及比例等。

14.4 立面图的识读

室内墙面除相同者外一般均需画立面图，图样的命名、编号应与平面布置图上的内视符号编号相一致，内视符号决定室内立面图的识读方向，同时也给出了图样的数量。立面图的识读步骤如下：

1)首先确定要读的室内立面图所在的房间位置，按房间顺序识读室内立面图。

2)在平面布置图中按照内视符号的指向，从中选择要读的室内立面图。

3)在平面布置图中明确该墙面位置有哪些固定家具和室内陈设等，并注意其定形、定位尺寸，做到对墙（柱）面布置的家具、陈设有一个基本的了解。

4)浏览选定的室内立面图，了解立面的装饰形式及其变化。

5)详细识读室内立面图，注意墙面装饰造型及装饰面的尺寸、范围、选材、颜色及相应做法。

6)查看立面标高、其他细部尺寸、索引符号等。

📖 教学实例

实例 绘制客厅、餐厅立面图

【题目】

绘制如图 14-1 所示客厅、餐厅立面图。

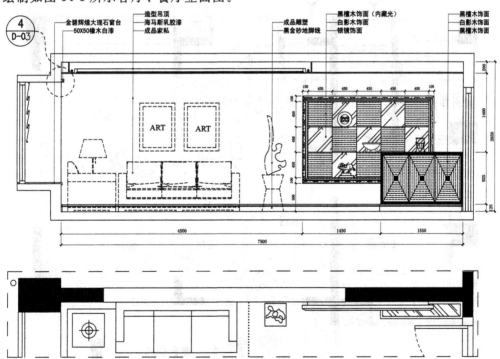

图 14-1 客厅、餐厅立面图

【操作步骤】

Step 1. 设置绘图环境：规划图层，如图 14-2 所示。

图 14-2　图层

Step 2. 绘制立面索引图：复制一份平面布置图，对需要表达的各立面观察方向绘制索引符号形成立面索引图，如图 14-3 所示。

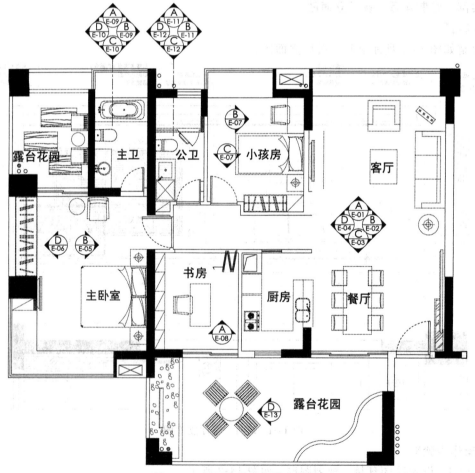

图 14-3　立面索引及家具定位图

Step 3．绘制辅助线：结合平面图定位立面尺寸，绘制定位辅助线，如图 14-4 所示。

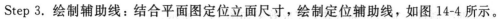
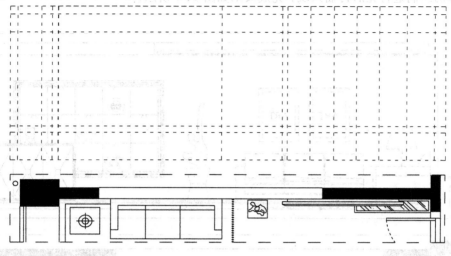

图 14-4　绘制辅助线

Step 4．绘制立面形状：在辅助线的基础上使用绘图及编辑工具绘制立面图案，并删除不必要的线段，如图 14-5 所示。

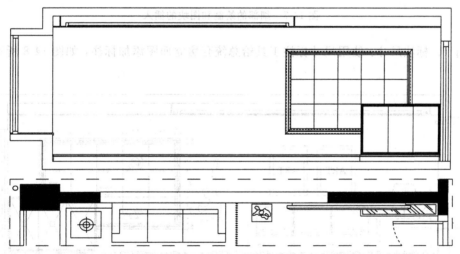

图 14-5　绘制立面形状

Step 5．绘制细部和图块插入：进一步绘制细部，完成效果如图 14-6 所示。

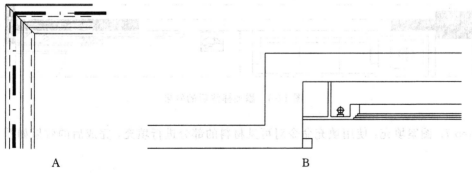

A　　　　　　　　　　　　　　　　　　B

图 14-6　绘制细部

细部的绘制进行完后再插入块，完成效果如图14-7所示。

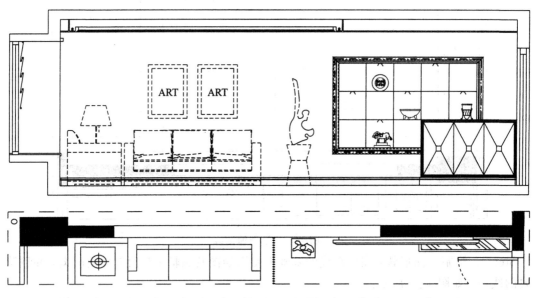

图 14-7　细部的绘制和图块的插入

Step 6. 标注尺寸：使用尺寸标注工具给总统套房立面图添加标注，如图14-8所示。

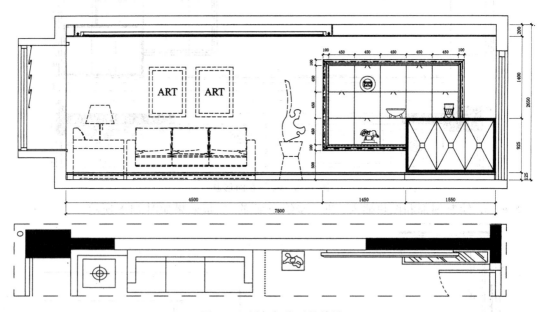

图 14-8　添加标注后的效果

Step 7. 图案填充：使用填充命令对可见材料的部分进行填充，完成后的效果如图14-9所示。

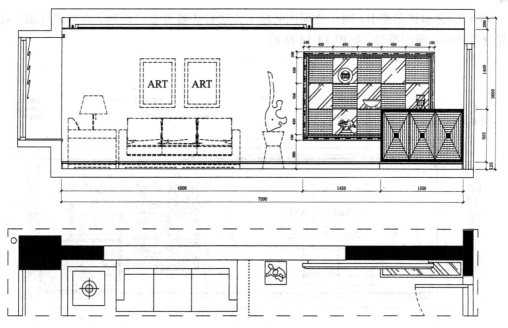

图 14-9　填充后的效果

Step 8. 添加文字说明：进一步为立面图添加文字说明，以标识其材料或选型，如图 14-10 所示。

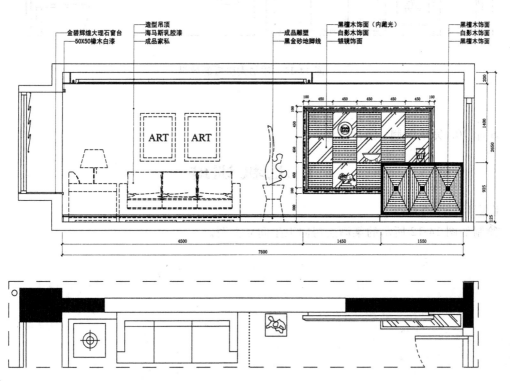

图 14-10　添加文字说明后的效果

Step 9. 标示详图索引：对于立面图的施工方法有些需要专门表达，将形成详图，对于这些部分需要标示索引符号，如图 14-11 所示。

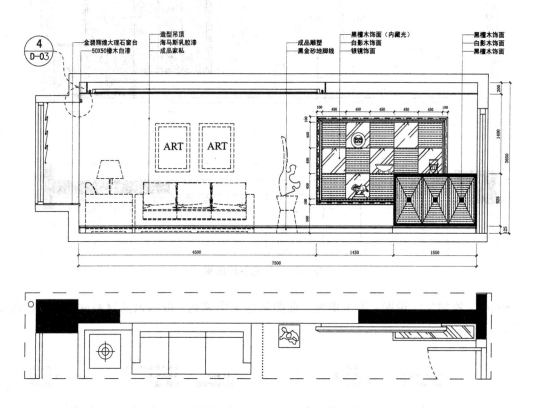

图 14-11　添加索引后的效果

Step 10. 完成绘制，保存图形。

⚑ 上机训练

【题目】

绘制如图 14-12 所示的某酒店房间卫生间立面图。

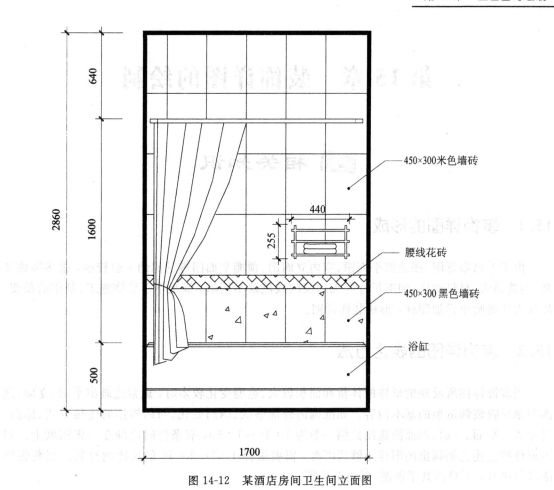

450×300米色墙砖

440

255

腰线花砖

450×300黑色墙砖

浴缸

640

2860

1600

500

1700

图 14-12　某酒店房间卫生间立面图

第15章　装饰详图的绘制

相关知识

15.1　装饰详图的形成

由于平面布置图、楼地面平面图、室内立面图、顶棚平面图等的比例一般较小，很多装饰造型、构造做法、材料选用、细部尺寸等无法反映或反映不清晰，满足不了装饰施工、制作的需要，故放大比例画出详细图样，形成装饰详图。

15.2　装饰详图的表达方法

当装饰详图所反映的形体的体量和面积较大、造型变化较多时，通常先画出平面、立面、剖面图来反映装饰造型的基本内容。如准确的外部形状、凹凸变化、与结构体的连接方式、标高、尺寸等。平面、立面、剖面图选用比例一般为1∶10～1∶50，有条件时应画在一张图纸上。当该形体按上述比例画出的图样不够清晰时，需要选择1∶1～1∶10的大比例绘制。当装饰详图较简单时，可只画其平面图、断面图即可。

在装饰详图中剖切到的装饰体轮廓用粗实线表示，未剖切到但能看到的投影内容用细实线表示。装饰详图是从整个室内空间中取出一个局部来作详细的表达，故应特别注意用索引符号清晰地表达与其他图纸的关系。装饰详图通常采用详图符号作为图名，与被索引图上的索引符号相对应，并在详图符号的右下侧注写绘图比例。若装饰详图中的某一部位还需另画详图时，则在其相应部位画上索引符号。

15.3　装饰详图的识读

室内装饰空间通常由三个基本面构成：顶棚、墙面、地面。这三个基本面经过精心设计，再配置家具、绿化与陈设等，营造出特定的气氛和效果。这些气氛和效果的营造必须通过细部做法及相应的施工工艺才能实现，实现这些内容的重要技术文件就是装饰详图。装饰详图种类较多且与装饰构造、施工工艺有着紧密联系，在识读装饰详图时应注意与实际结合，做到举一反三，融会贯通，所以装饰详图是识图中的重点、难点。

15.4　装饰详图的图示内容

1)装饰形体的建筑做法。

2)造型样式、材料选用、尺寸标高。

3)所依附的建筑结构材料、连接做法,如钢筋混凝土与木龙骨、轻钢及型钢龙骨等内部骨架的连接图式,选用标准图时应加索引。

4)装饰体基层板材的图式,如石膏板、木工板、多层夹板、密度板、水泥压力板等用于找平的构造层次。

5)装饰面层、胶缝及线角的图式,复杂线角及造型等还应绘制大样图。

6)色彩及做法说明、工艺要求等。

7)索引符号、图名、比例等。

教学实例

实例　绘制某户型门的详图

【题目】

该户型的方案已经确定,在平面图和立面图的基础上绘制如图 15-1 所示的门的详图。

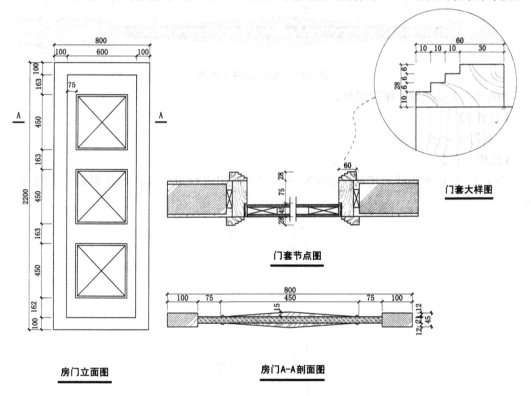

图 15-1　门的详图

【题目 1】

绘制门剖面图。

【操作步骤】

Step 1. 绘制轮廓线和辅助线:根据尺寸对平面图进行定位并画出轮廓线,如图 15-2 所示。

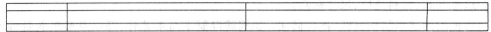

图 15-2　定位图

Step 2．绘制门形状：对辅助线进行修剪，并删除不必要的线段，如图 15-3 所示。

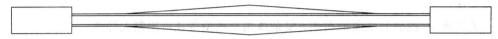

图 15-3　修剪后的平面图

Step 3．绘制门的构件，填充门的材质，如图 15-4 所示。

图 15-4　添加构件后的效果

Step 4．添加标注：给门的剖面图添加标注，如图 15-5 所示。

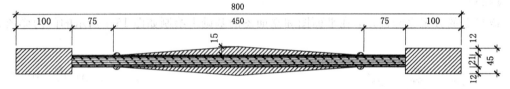

图 15-5　标注后的平面图

Step 5．完成绘制，保存图形。

【题目 2】

绘制门立面图。

【操作步骤】

Step 1．绘制轮廓线和辅助线：根据尺寸门立面图进行定位并画出轮廓线，如图 15-6 所示。

图 15-6　定位图

Step 2. 绘制门立面形状：对辅助线进行修剪，并删除不必要的线段，如图 15-7 所示。

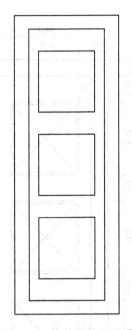

图 15-7　修剪后的立面图

Step 3. 进一步绘制：进一步绘制门立面，如图 15-8 所示。

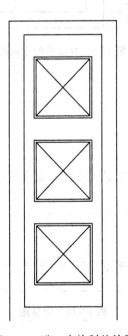

图 15-8　进一步绘制的效果

Step 4. 添加标注：给衣柜立面图添加标注，如图 15-9 所示。

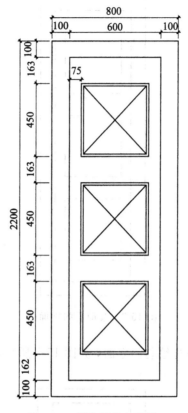

图 15-9　标注后的立面图

Step 5. 完成绘制，保存图形。

【题目 3】

绘制门套节点图。

【操作步骤】

Step 1. 绘制轮廓线和辅助线：根据尺寸对门套进行定位并画出轮廓线，如图 15-10 所示。

图 15-10　定位图

Step 2. 绘制门套节点图的形状：对辅助线进行修剪，并删除不必要的线段，如图 15-11 所示。

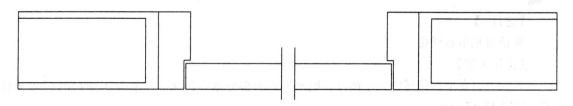

图 15-11 修剪后的平面图

Step 3. 进一步绘制：进一步绘制门套节点图，如图 15-12 所示。

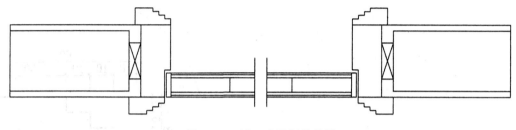

图 15-12 进一步绘制的效果

Step 4. 对材质的填充：在已绘制好的图上对材质进行表达，用填充命令对不同的材质进行填充，如图 15-13 所示。

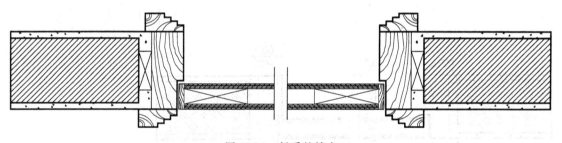

图 15-13 材质的填充

Step 5. 添加标注：给门套节点图添加标注，如图 15-14 所示。

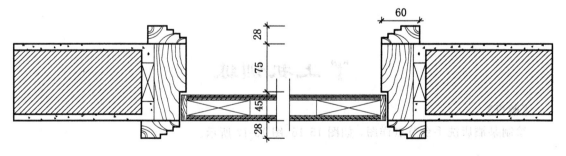

图 15-14 添加标注

Step 6. 完成绘制，保存图形。

【题目4】

解读衣柜节点详图。

【操作步骤】

该图为门套节点详图的一个部分，把要表达的部分索引出来，详细表达细部的尺寸和材质，如图 15-15 所示。

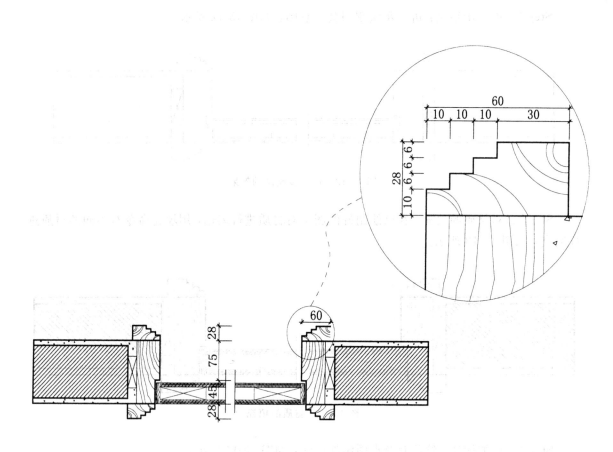

图　15-15

上机训练

【题目】

绘制某酒店洗手台节点详图，如图 15-16、图 15-17 所示。

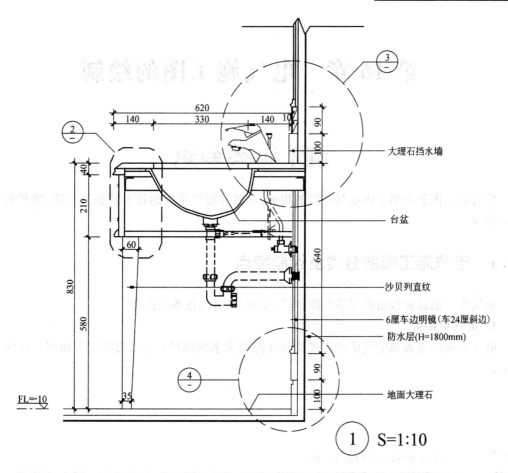

大理石挡水墙

台盆

沙贝列直纹

6厘车边明镜(车24厘斜边)

防水层(H=1800mm)

地面大理石

FL=-10

① S=1:10

图 15-16 洗手台剖立面详图

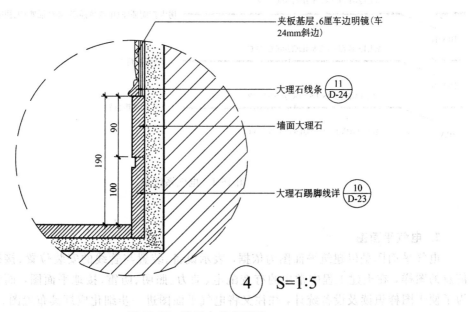

夹板基层,6厘车边明镜(车24mm斜边)

大理石线条 ⑪/D-24

墙面大理石

大理石踢脚线详 ⑩/D-23

④ S=1:5

图 15-17 洗手台节点详图

223

第16章　电气施工图的绘制

相关知识

电气施工图是表明室内电气路线的构成、功能并提供必要的技术数据为安装、维护提供依据的图样。

16.1 电气施工图的分类及绘制特点

电气施工图通常包括电气系统图、电气平面图、电气设备立面图。

1. 电气系统图

电气系统图是表现电气供电方式及分配控制关系的图样，可以反映工程概况，如图16-1所示。

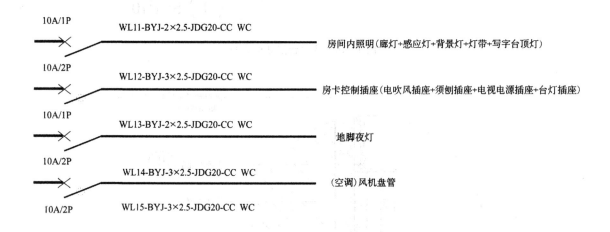

图 16-1　电气系统图

2. 电气平面图

电气平面图是以建筑平面图为依据，表示设备、装置与管线的安装位置、接线情况等方面信息的图样，在土建工程中常用的有变配电、动力、照明、防雷、接地平面图，而在装饰行业中为了便于图样识读及设备统计，往往又将电气平面图进一步细化成灯具布置图、电器插座布置图、回路控制图、弱电平面布置图等。

绘制电气平面图时主要要表达的是电气设备的平面布置状况，而插座、开关等设备若按具体形状以平面图比例进行绘制不便于识读，故绘制此类图纸时往往以较大比例的图来示意，如图 16-2 所示。

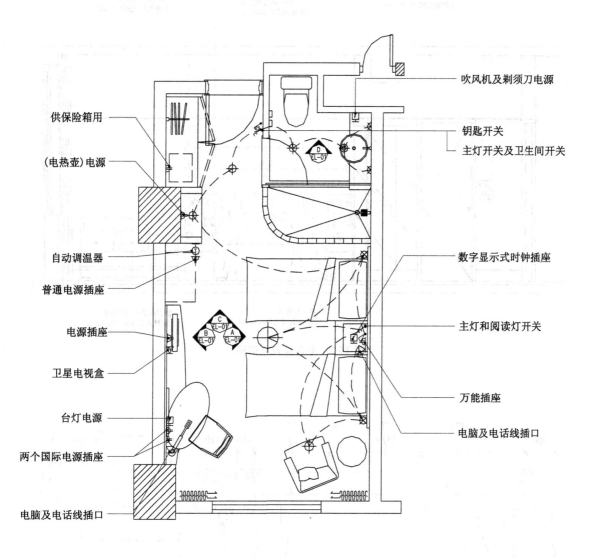

图 16-2　电气平面图

3. 电气设备立面图

电气设备立面图是电气施工安装的依据，与电气平面图配合实现准确的定位施工，是设备安装施工时必不可少的图样，如图 16-3、图 16-4 所示。

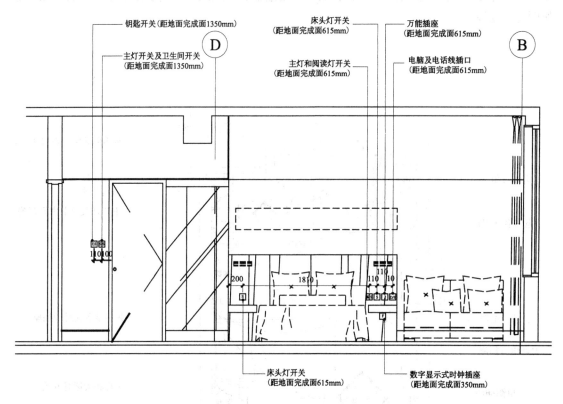

钥匙开关(距地面完成面1350mm)

主灯开关及卫生间开关
(距地面完成面1350mm)

D

床头灯开关
(距地面完成面615mm)

主灯和阅读灯开关
(距地面完成面615mm)

万能插座
(距地面完成面615mm)

电脑及电话线插口
(距地面完成面615mm)

B

床头灯开关
(距地面完成面615mm)

数字显示式时钟插座
(距地面完成面350mm)

图 16-3　电气设备立面图

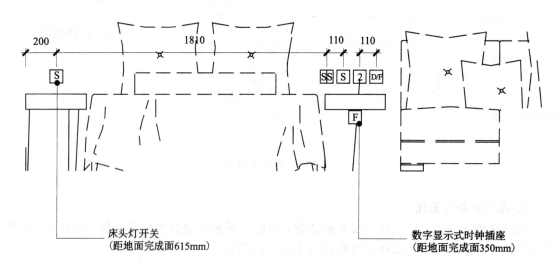

床头灯开关
(距地面完成面615mm)

数字显示式时钟插座
(距地面完成面350mm)

图 16-4　电气设备立面图的放大显示

16.2　建筑电气常用图例

建筑电气部分设备种类繁多，通常可将设备符号图例制作成图块，使用时可以直接调用，常用图例见表 16-1。

表 16-1　建筑电气常用图例

图例	设备名称	型号规格	安装方式及高度
▬	配电箱	XSA-	下边距地 1.5m 暗装
⌐	一位单极开关	K31/1/2A 16A250V	下边距地 1.3m 暗装
⌐	二位单极开关	K32/1/2A 16A250V	下边距地 1.3m 暗装
⏚	安全防护型二、三极插座	K426/10US 10A250V	下边距地 0.3m 暗装
⏚	三极插座	K426/15CS 16A 250V	下边距地 0.3m 暗装
⏚	三相四极插座	K434/25 25A 440V	下边距地 0.3m 暗装
 ▭	双管荧光灯	GKD236 TLD2×36W	见平面图
▣	换气扇		嵌顶暗装
▽	吸顶灯	32W	嵌顶暗装
⊗	吸顶灯	3×18W	嵌顶暗装

📖 教学实例

实例　绘制电气施工图

【题目】

某酒店标准客房平面方案如图 16-5 所示，根据其使用功能绘制电气施工图。

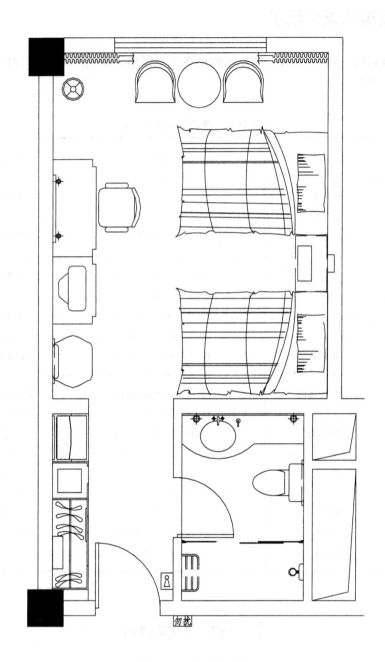

图 16-5　平面布置图

【操作步骤】

Step 1. 电气方案设计，并绘制出系统图：在客房的平面布置图（图 16-5）的基础上对其功能作认真研究，详细考虑其用电情况，如照明设计、插座设计、用电负荷等，在此基础上完成电气方案设计，并绘制出系统图如图 16-6 所示。

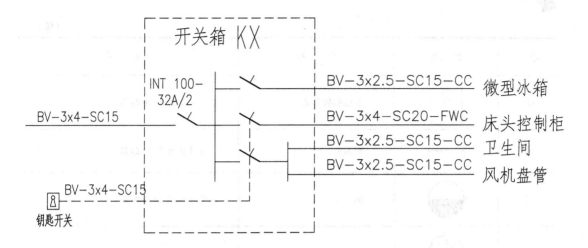

图 16-6　电气系统图

Step 2. 绘制图例表：电气方案设计考虑成熟后，便可以在平面布置图的基础上配置各种电气设备，此时需要将各种电气设备用图例表达出来，在绘制电气平面绘制的时候可以先其绘制一个图例表，便于电气平面图的绘制和识读，往往还在图例表中注明一些电气设备的安装方式（这些安装定位尺寸也可在平面图或立面图中表达），见表 16-2。

表 16-2　电气设备图例表

序号	图　　例	名　　称	安　装　方　式
①	■■■■	节电配电箱	下皮距地 1700 暗装
②	▭	床控柜	落地安装
③	▭	床控柜端子箱	下皮距地 150 暗装
④	勿扰	门铃及"请勿打扰"	下皮距地 1300 暗装

(续)

序号	图例	名称	安装方式
⑤		节电钥匙开关	下皮距地 1300 暗装
⑥		镜前灯	下皮距地 2000 暗装
⑦		床头灯	下皮距地 1300 暗装
⑧		顶灯	吸顶(不吊顶)或嵌入(吊顶)
⑨		廊灯	吸顶(不吊顶)或嵌入(吊顶)
⑩		空调风机盘管	吸顶(不吊顶)或嵌入(吊顶)
⑪		"叮咚"门铃	下皮距地 1700 明装
⑫		防水剃须插座	下皮距地 1300 暗装
⑬		防水排气扇插座	上皮距顶 100 暗装
⑭		冰箱插座	下皮距地 300 暗装
⑮		落地灯插座	下皮距地 300 暗装
⑯		电视插座	下皮距地 300 暗装
⑰		单联单控暗开关	下皮距地 1300 暗装
⑱	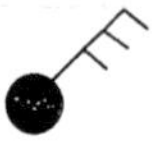	三联单控暗开关	下皮距地 1300 暗装
⑲		单联双控暗开关	下皮距地 1300 暗装

Step 3. 绘制电气平面布置图：考虑到酒店客房的使用功能，在平面布置图的基础上根据图例约定，在恰当位置调入电气设备的图块，就形成了电气平面布置图，如图 16-7 所示。在

居住空间的电气布置中主要是表达配电箱、开关和插座、灯具等用电设备，有时为了清晰地表明开关、插座的连接控制关系，有些设计人员还专门将开关控制图和插座布置图用专门的图样来表示。

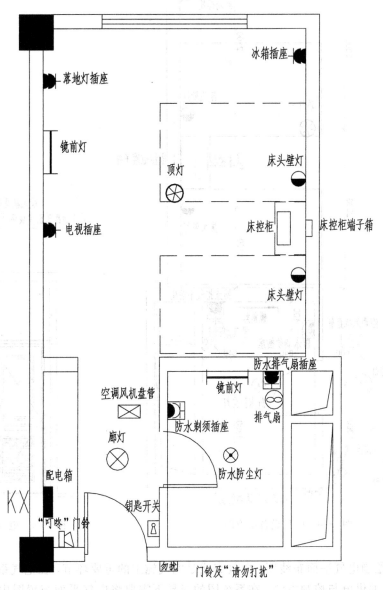

图 16-7　电气平面布置图

Step 4. 绘制电气设备定位图：在电气平面布置图的基础上，需要进一步对电气设备进行定位才能真正实现电气施工的指导依据，为此，需要在家具定位图的基础上对电气设备进行定位标注，如图 16-8 所示。若平面图无法全面表达定位关系，有时还需要借助立面图确定电气设备的定位，如图 16-9 所示。

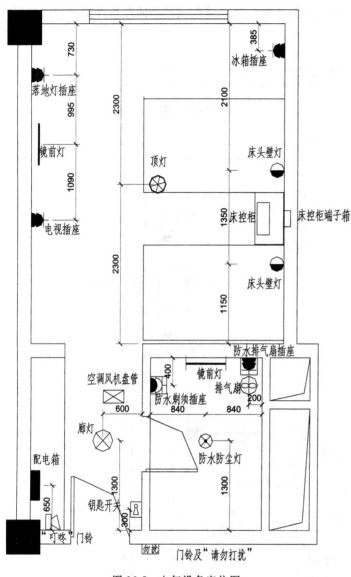

图 16-8　电气设备定位图

图 16-9　电气设备立面图

Step 5. 绘制电气平面布线图：电气布线是电气施工的重要环节，在电气系统图中已规划好各电气设备的供电与控制方法，在系统图的指导下需要将电气平面布置图中各电气设备连接起来，以表达其连接关系及供电与控制方法，如图 16-10 所示。

绘制电气平面布线图应注意以下三点：其一，电气平面布线图只表达线路连接关系，并不表达线路的尺寸定位，实际施工时的线路走向应根据电气施工规范的规定来进行施工布线；其二，绘制时根据系统图的用电分配及控制关系可用直线段连接各电气设备，也可采用光滑曲线或圆弧；其三，线路布线时默认为两条，两条的线路可不加标识，超过两条则可采用斜杠或数字注解，如三条用三根斜杠或用一根斜杠加数字 3 进行注解。

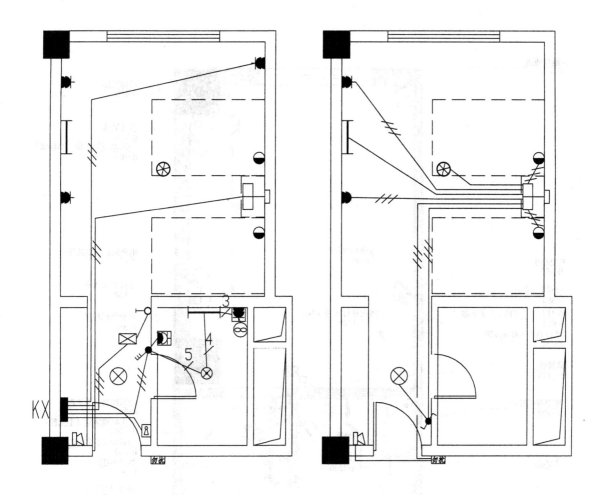

图 16-10　线路布置图

Step 6. 绘制完成，保存图形。

上机训练

【题目 1】

打开"上机训练 16-1. dwg"，在墙体定位图的基础上绘制一张某酒店标房电气设备布置图，如图 16-11 所示，设备图例可自行绘制或调用其他图库，并将所用到的图例汇总为图例表。

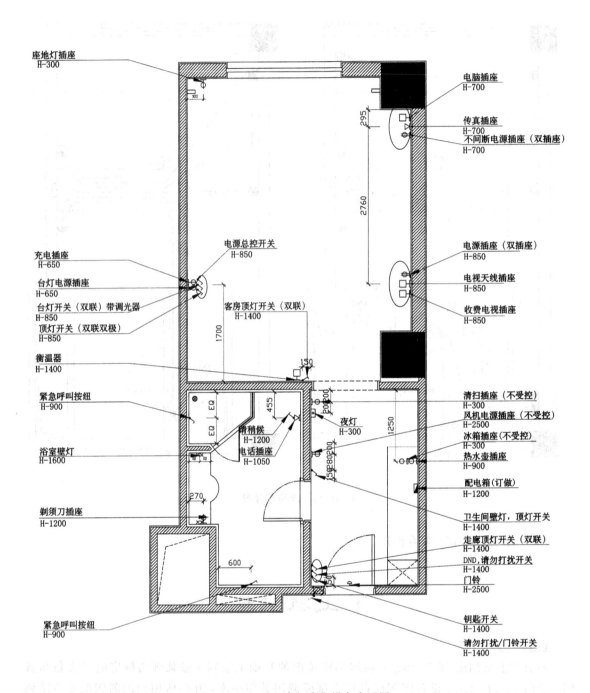

座地灯插座
H-300

电脑插座
H-700

传真插座
H-700
不间断电源插座（双插座）
H-700

充电插座
H-650

电源总控开关
H-850

电源插座（双插座）
H-850

台灯电源插座
H-650

电视天线插座
H-850

台灯开关（双联）带调光器
H-850

客房顶灯开关（双联）
H-1400

收费电视插座
H-850

顶灯开关（双联双极）
H-850

衡温器
H-1400

紧急呼叫按纽
H-900

清扫插座（不受控）
H-300
风机电源插座（不受控）
H-2500

请稍候
H-1200

夜灯
H-300

冰箱插座(不受控)
H-300
热水壶插座
H-900

浴室壁灯
H-1600

电话插座
H-1050

配电箱(订做)
H-1200

剃须刀插座
H-1200

卫生间壁灯，顶灯开关
H-1400

走廊顶灯开关（双联）
H-1400

DND,请勿打扰开关
H-1400

门铃
H-2500

紧急呼叫按纽
H-900

钥匙开关
H-1400

请勿打扰/门铃开关
H-1400

图 16-11　某酒店标房电设备布置图

【题目 2】

某酒店套房平面图如图 12-9 所示（或打开"上机训练 16-2. dwg"），在墙体定位图的基础上绘制一张该套房平面布线图，如图 16-12 所示。

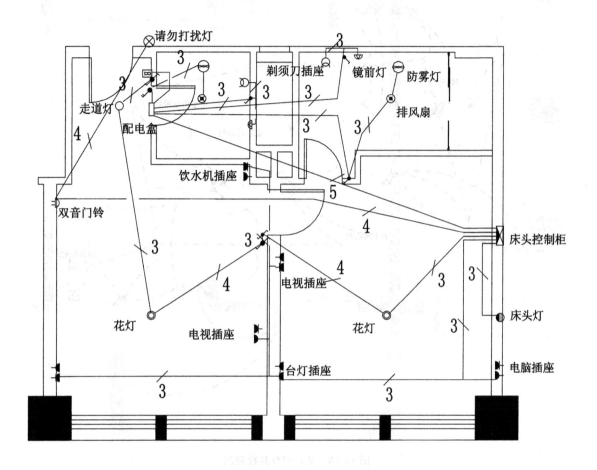

图 16-12　某酒店套房平面布线图

【题目 3】

打开"上机训练 16-3. dwg"，在天棚图的基础上绘制一张该户型的灯具控制图，如图 16-13 所示。

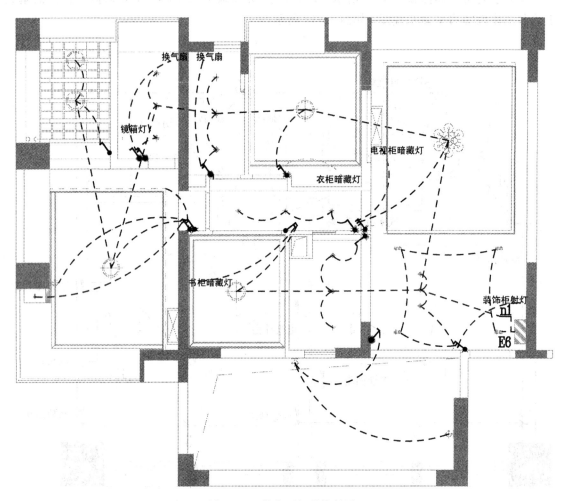

图 16-13 某户型灯具控制图

第17章 给排水施工图的绘制

相关知识

17.1 建筑内部给水排水体系的构成

建筑内部给水排水体系包括给水系统、排水系统、雨水系统和消防系统等。

1. 给水系统分类及组成

建筑内部给水系统按用途可分为三类：生活给水系统、生产给水系统、消防给水系统。其组成包括：①引入管：建筑(小区)总进水管；②水表节点：水表及前后的阀门、泻水装置；③管道系统：给水干管、立管和支管；④配水装置和用水设备：各类配水龙头及生产、消防设备；⑤给水附件：起调节和控制作用的各类阀门；⑥增压和贮水设备：包括水泵、水箱和气压贮水设备。

2. 排水系统分类及组成

建筑内部排水系统可分为两大类：污废水排水系统(排除人类生存过程中产生的污水和废水)和屋面雨水排水系统(排除自然降水)。

建筑污废水排水系统的基本组成部分：卫生器具和生产设备的受水器、排水管道、清通设备和通气管道。在有些建筑物的污废水排水系统中，根据需要还设有污废水的提升设备和局部处理构筑物(化粪池、隔油池和沉砂池)。

建筑屋面雨水排水系统主要由檐沟、雨水斗、雨水立管、雨水口、连接管和雨水检查井组成。

3. 消防给水系统

室内消火栓系统主要组成部分为：水枪、水带、消火栓、消防管道、消防水池、消防水泵结合器及增压设备等。

17.2 给排水施工图的分类及绘制特点

建筑给排水施工图包括：给排水系统图、给排水平面布置图、给排水详图。

1. 给排水系统图

给排水系统图用以表达给排水系统的连接及分配控制关系，可以反映出工程概况，又称为轴测图，如图17-1、图17-2所示。

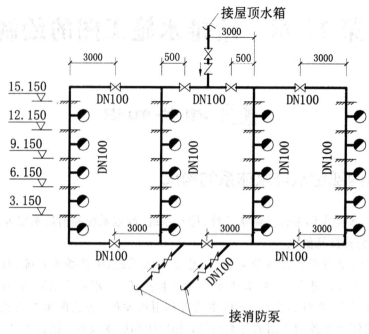

图 17-1　消火栓系统图

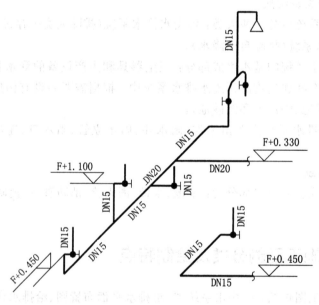

图 17-2　给排水系统图

2. 给排水平面布置图、详图

给排水平面布置图、详图是在建筑平面图位的基础上，表示给排水管线走向、连接及设备的安装位置等方面信息的图样，如图 17-3、图 17-4 所示。

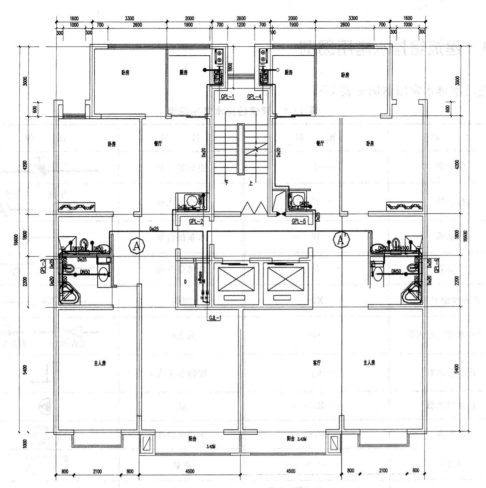

图 17-3　给排水平面布置图

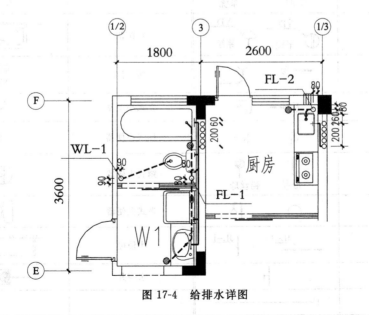

图 17-4　给排水详图

17.3 建筑给排水常用图例

建设给排水常用图例见表17-1。

表 17-1 建筑给排水常用图例

名　　　称	图　　　例	名　　　称	图　　　例
给水管	——J——	室外消火栓	
排水管	——P——	室内消火栓	平面　系统
污水管	——W——	水泵接合器	
废水管	——F——	自动喷洒头	
消火栓给水管	——XH——	闸阀	
自动喷水灭火给水管	——ZP——	截止阀	DN≥50　DN＜50
热水给水管	——RJ——	旋转水龙头	
热水回水管	——RH——	泵	
雨水管	——Y——	立式洗脸盆	
坡向	—→	浴盆	
清扫口	平面　系统	化验盆洗涤盆	
雨水斗	YD-平面　YD-系统	盥洗槽	
圆形地漏		污水池	
方形地漏		立式小便器	
存水弯		挂式小便器	
透气帽	成品　铅丝球	蹲式大便器	
淋浴喷头		坐式大便器	
管道立管	JL-1　JL-1	小便槽	
立管检查口		水表井	
管堵			

17.4 建筑给排水常用绘图比例

建筑给排水常用绘图比例见表17-2。

表 17-2 建筑给排水常用绘图比例

名称	比例	备注
建筑给排水平面图	1：200、1：150、1：100	宜与建筑专业一致
建筑给排水轴测图	1：150、1：100、1：50	宜与建筑专业一致
详图	1：50、1：30、1：20、1：10、1：5	

教学实例

实例1 绘制酒店商务套房给排水施工图

【题目】

绘制某酒店商务套房的给排水施工图。

【操作步骤】

Step 1. 绘制给水平面图：根据对平面布置图的分析，首先确定该商务套房的用水设备集中在该套房的两个卫生间，然后确定给水管线的进户节点，用粗实线连接将各用水点和进户点连接起来，在管线的垂直交汇处根据投影关系用圆表示，绘制出给水平面图如图17-5所示。

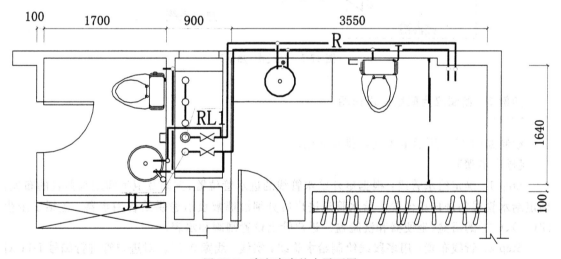

图 17-5 商务套房给水平面图

Step 2. 绘制系统图：利用轴测投影原理将给水分配关系及管线走向用粗实线在横向、竖向和45°方向将各用水点连接起来，以描述给水的总体概况、分配关系及管线走向，从系统图中可以清晰地表达上下前后左右关系以及管径大小参数，如图17-6、图17-7所示。

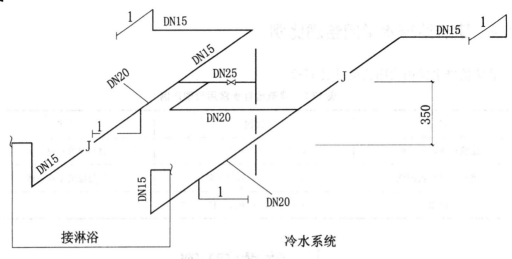

图 17-6　系统图（冷水）

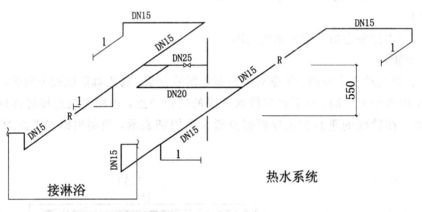

图 17-7　系统图（热水）

实例 2　绘制卫生间给排水详图

【题目】

绘制如图 17-8 所示卫生间给排水详图。

【操作步骤】

Step 1. **确定给水管线**：根据室外给水管线的进水管位置、方向及卫生间用水器具的布置，确定给水管线的进户点位置。给水管道进户后分别沿墙敷设沿途供给各用水器，包括了卫生间（一）、（二）的浴盆、坐便器和洗脸盆。进户管上设置闸阀和水表。

Step 2. **管线布置**：用多段线绘制给水管线，实线，线宽 0.30。对进户管进行编号 J-1；对给水管道的立管编号为 JL-1。污水管线用粗虚线表示，线宽 0.30。将坐便器的排水管连接汇总接入 1♯污水立管（WL-1）排出。废水管线用粗虚线表示，线宽 0.30。将洗脸盆、浴盆、地漏和清扫口的排水管连接汇总接入 1♯废水立管（FL-1）排出。雨水管线主要接受屋顶排除的雨水。卫生间详图中主要表示立管位置与变号。布置好雨水立管后，分别编号 YL-1、2。

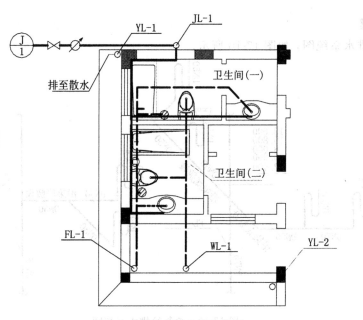

图 17-8 卫生间给排水详图

上机训练

【题目1】

绘制给排水大样图,如图 17-9 所示。

要求:图中尺寸除标高以米计外,余以毫米计;管线线宽采用 0.30;用尺寸标注表示出各管线及配件的相对位置。

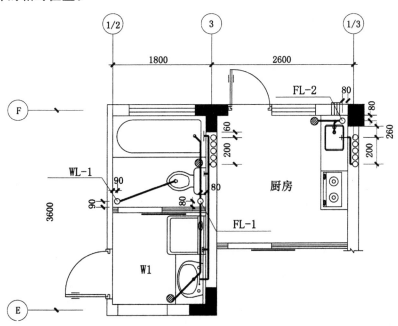

图 17-9 绘制给排水大样图

【题目2】

绘制给排水系统图，如图17-10所示。

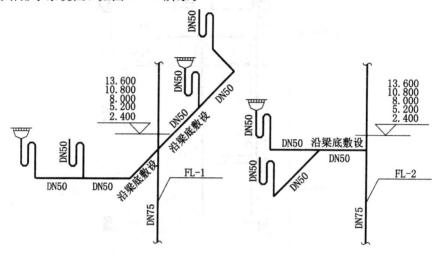

图17-10　绘制给排水系统图

第18章 建筑总平面图的绘制

相关知识

18.1 建筑总平面图的作用

建筑总平面图是表明拟建房屋所在基地一定范围内的总体布置,它反映了拟建房屋构筑物等的平面形状、位置、朝向、室外场地、道路、绿化等的布置以及地形、地貌、标高、与原有环境的关系和邻界情况等。

建筑总平面图是房屋定位、施工放线、土方施工以及绘制水、暖、电等管线总平面图和施工总平面图的依据。

18.2 建筑总平面图的绘制内容

1)保留的地形与地物。

2)标出测量坐标网、坐标值:坐标代号宜用 X、Y 表示。

3)比例常采用 1:500、1:1000、1:2000、1:5000 等小比例,故房屋只用外围轮廓线的水平投影表示。

4)场地四界的测量坐标(或定位尺寸)、道路红线、河道兰线等。

5)场地四邻原有及规划道路的位置(主要的坐标值或定位尺寸)。

6)应用图例表明拟建区、扩建区或改建区的总体布置,表明建筑物及构筑物(人防工程、地下车库、油库、贮水池、化粪池等隐蔽工程以虚线表示)的位置、名称或编号、各建筑物的层数及室内外绝对标高。地形起伏比较大的地区,还应画出地形等高线。

7)道路、广场、停车场、运动场地、绿化规划、河流、管道、水沟、土坡、池塘等的布置情况等。地形起伏比较大的地区,还应画出地形等高线。

8)用指北针表示房屋的朝向;用风玫瑰表示常年风向频率和风速。

9)建筑物、构筑物编号时,应列出"建筑物和构筑物名称编号表"。

10)说明栏内注明:施工图设计的依据、尺寸单位、比例、坐标及高程系统(若为场地施工坐标时,应注明与测量坐标网的相互关系)、补充图例、总图的主要技术经济指标(包括总用地面积、总建筑面积、建筑占地面积、绿地率、建筑密度、容积率等)。

以上所列内容应根据工程的特点和实际情况而定。对一些简单的工程,可不画出等高线、坐标网或绿化规划和管道的布置。

教学实例

实例　绘制总平面图

【题目】

绘制建筑总平面图，如图 18-1 所示。

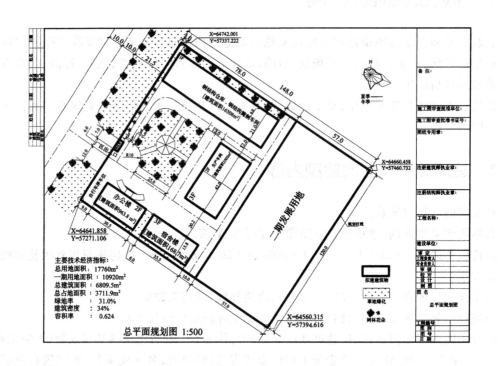

图 18-1　建筑总平面图

【操作步骤】

Step 1. 设置绘图环境：设置图形界限为＜420.0000，297.0000＞//使用默认值；图层
安排如图 18-2 所示。

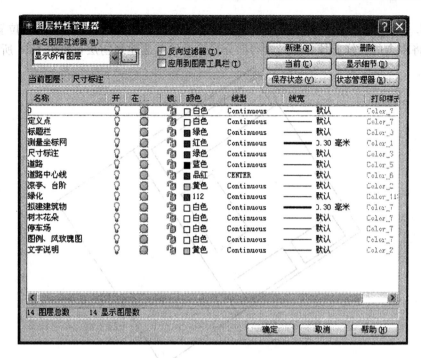

图 18-2　图层特性管理器

Step 2. 绘制测量坐标网：置测量坐标网为当前层，用"直线"、"偏移"等命令，采用坐标输入的形式绘制用地红线，如图 18-3 所示。

☛注：测量坐标与 CAD 图形中表示的坐标 X 与 Y 正好相反，即测量坐标的 X 表示的是图形坐标的 Y，而测量坐标的 Y 表示的是图形坐标的 X。

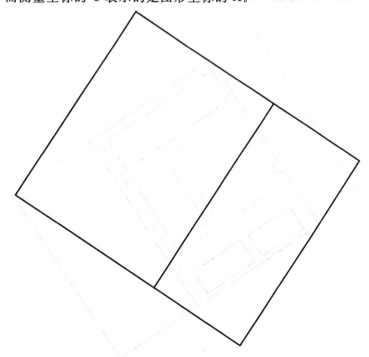

图 18-3　画出测量坐标网

Step 3. 绘制拟建建筑物：将测量坐标网进行"偏移"，偏移到拟建建筑物位置，再用"修剪"命令，将多余的线修剪掉，将完成的部分特性改成拟建建筑物层，如图 18-4 所示。

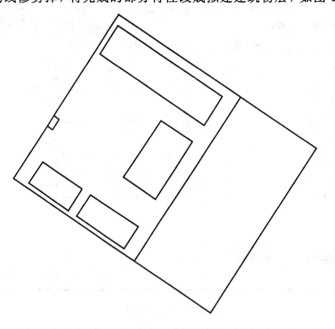

图 18-4　画出拟建建筑物

Step 4. 绘制道路中心线：将已画好的线"偏移"到道路中心线位置，用"修剪"命令将多余的线修剪掉，用"延伸"命令将道路中心线画完整，用半径为 10 的"圆角"绘制车道的拐弯部分，将完成的部分特性改成道路中心线层，并用"特性"命令将线型比例改为 0.2，如图 18-5 所示。

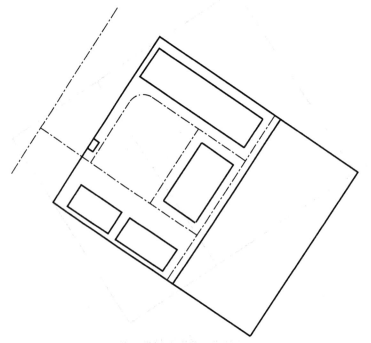

图 18-5　画出道路中心线

Step 5. 绘制道路：置道路层为当前层，将道路中心线合并为多段线，进行"偏移"，如图 18-6a 所示；在入口处的两条道路线交点处画圆或半圆，并用"修剪"命令将多余线修剪掉，如图 18-6b 所示。

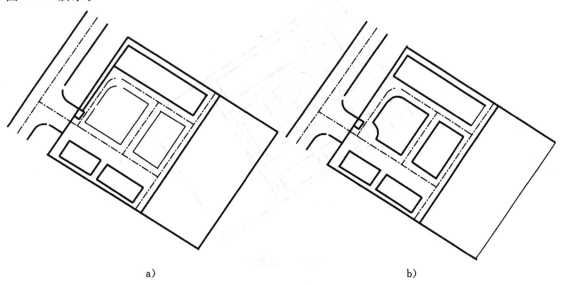

a)　　　　　　　　　　　　　　　b)

图 18-6　画出道路

Step 6. 绘制凉亭和台阶：置凉亭、台阶层为当前层，采用"正多边形"命令绘制边数为 8、半径为 6.5 的正多边形，将多边形的对角线相连，采用"移动"命令将凉亭移动到草地中心位置。

先将办公楼前的台阶定位点（实际工程设计总平面图中拟建建筑物应与方案图中相应建筑物的底层平面图一致）找出，再用"圆弧"、"直线"、"延伸"、"修剪"等命令画出台阶，如图 18-7 所示。

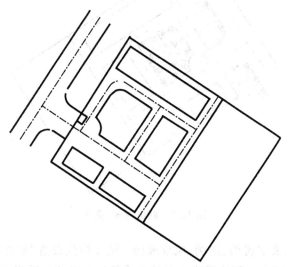

图 18-7　画出凉亭、台阶

Step 7. 绘制绿化草坪：将当前的图层改为绿化层，用"直线"、"偏移"绘制草坪的轮廓，用 GRASS 图案进行"图案填充"，调整图案填充比例参数，如图 18-8 所示。

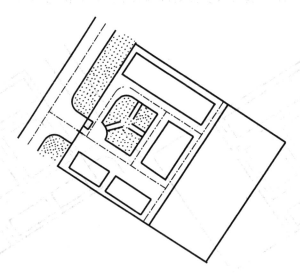

图 18-8　画出草坪

Step 8. 绘制树木、花朵：将当前的图层改为树木花朵层，用"插入块"命令插入花朵和树木的图块，并用"阵列"、"复制"命令布置好，如图 18-9 所示。

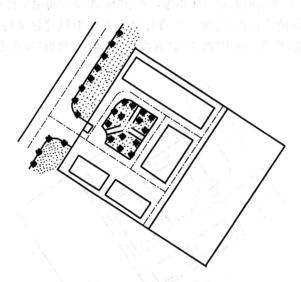

图 18-9　画出树木、花朵

Step 9. 尺寸标注、文字说明、图例、风玫瑰图：尺寸标注设置"标注样式"(图 18-10a)，置尺寸标注层为当前层，结合对象捕捉或正交辅助手段进行标注并适当编辑(图 18-10c)。

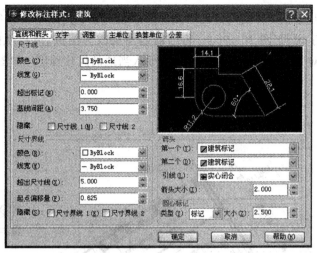

a)

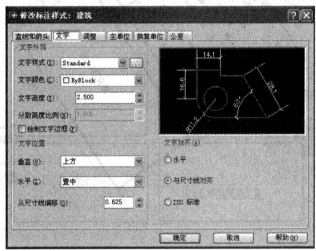

b)

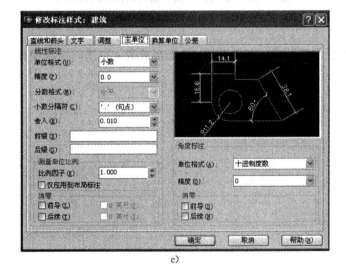

c)

图 18-10　修改标注样式

Step 10. 进一步绘制：将当前的图层改为文字说明层，使用单行文字或多行文字用适当的文字样式进行文字说明（图18-10b）。将当前的图层改为图例、风玫瑰图层，在右下角复制出各种图例符号并对其作文字说明，在右上角插入当地的风玫瑰图，如图18-11所示。

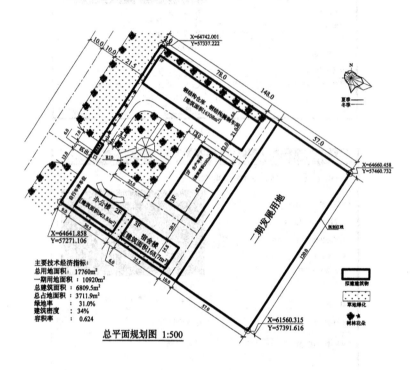

图18-11 尺寸标注、文字说明、图例、风玫瑰图

Step 11. 加图框与标题栏：本例可用A2图幅放置，布图时尽量使整幅图更加均匀饱满，如图18-12所示。

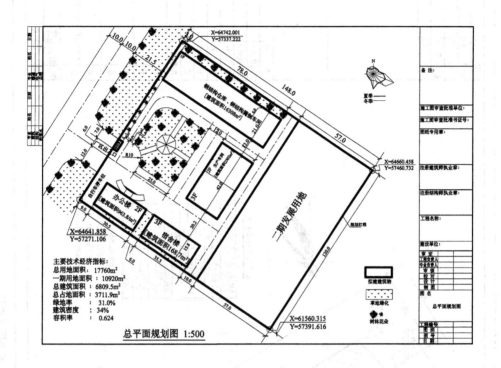

图 18-12　插入图框与标题栏

Step 12. 绘制完成，保存图形。

上机训练

【题目】

绘制××小区总平面图，如图 18-13 所示。

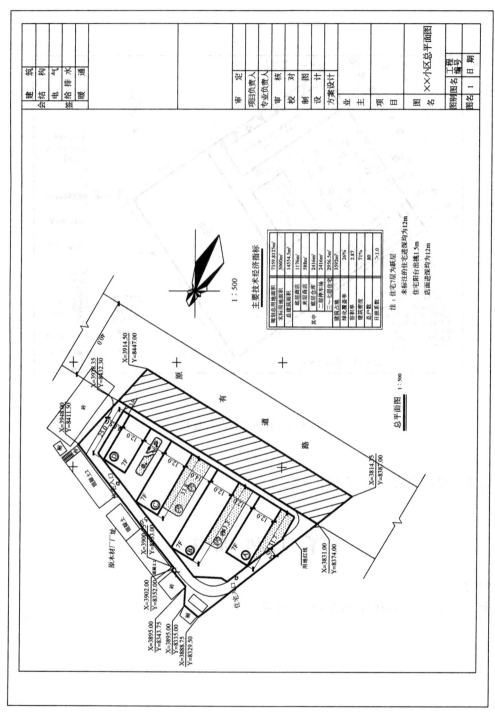

图18-13 ×××小区平面图

第 19 章　景观规划方案的绘制

相关知识

19.1　园林景观设计概述

园林是一个以人为主体的优美而舒适的第二自然外部空间环境，园林一词从广义上讲，包括公园、广场、自然风景区、街道绿地、居住区绿地、专用绿地、庭院等城市绿地系统。园林设计是指利用各种自然要素或人工要素创造环境空间以满足人们需要的手段，它是一门以空间审美为主导、艺术与工程技术相结合的学科。园林设计师借助科学知识与自身的文化艺术素养，本着对自然资源生态保护与合理利用的原则，以城市绿地环境系统为框架，以物化的手段表现出文化的精神价值。因此，可以说，园林通过不同构景要素的空间组织、景序安排、景物塑造等富有环境审美意象的空间形式，使人们真实地体验着悦目可感的场景氛围，从中使人产生一种"精神家园"的归宿感，而由于不同地域的文化背景及审美观念，设计者的艺术品位将直接影响到园林设计风格，使园林成为不同文化具体表现的物质载体。

19.2　AutoCAD 在园林景观设计中的应用

作为建筑的外围环境，也就是园林景观部分，同样可以运用 AutoCAD 加以表现。AutoCAD 具有完善的图形绘制功能，可以方便地绘制景观规划设计方案及施工图。根据设计构思，可以通过 AutoCAD 的各种绘图、编辑命令完成平面、立面各部分的图形、纹样的绘制，并可以使用尺寸功能进行详细的尺寸标注。对于铺装的表现，可以根据 CAD 提供的各种纹样通过填充功能来完成，而其他一些表现素材，如植物、汽车、人物等则可从素材库中调用。通过 AutoCAD 绘制的平面、立面图主要是线条图形，它能清楚、准确地表达设计意图，通过定义层的颜色可生成具有颜色的图像，但是图面效果稍欠丰富。为了弥补 CAD 表现的不足，可以将 Photoshop 和 CAD 结合共同来完成，即将 CAD 文件导入到 Photoshop 中，充分利用 Photoshop 强大的渲染功能来绘制平面的效果图。由于 Photoshop 绘制出来的图强调的是画面效果，并无精确尺寸，而 CAD 正好又弥补了这方面的不足。

教学实例

实例 1　绘制园林方案平面图

【题目】

绘制一张园林方案平面图，如图 19-1 所示。

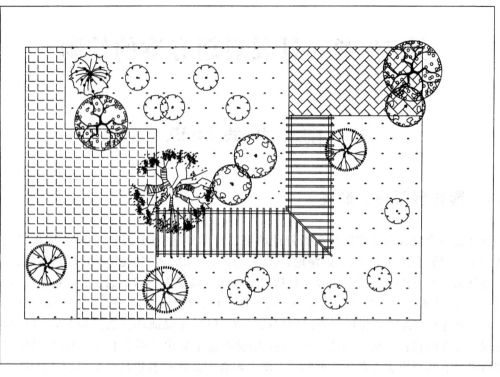

图 19-1　园林方案平面图

【操作步骤】

Step 1. 设置绘图环境。

Step 2. 设置图形界限和绘图单位，并规划以下图层：花架、绿化、填充、园路，如图 19-2
所示。

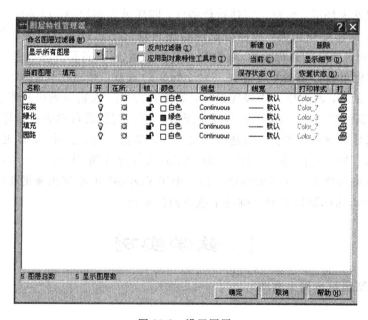

图 19-2　设置图层

Step 3. 绘制园路部分：把"园路"图层设为当前图层。打开"正交"（F8 切换），执行"直线"命令，画一条长度为 30000 的水平线，然后以该水平线的左端点为起点再画一条长度为20000 的铅垂线，执行"偏移"命令，把水平线依次往下偏移 5000、1000、6200、1800、1200、4800，把铅垂线依次往右偏移 3000、1000、6000、10000、3000、7000。执行"修剪"命令，对图进行修剪，如图 19-3 所示。

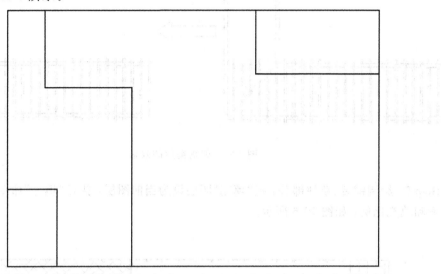

图 19-3　修剪后的效果

Step 4. 绘制花架部分：把"花架"图层设为当前图层，画一条长度为1000的水平线，以及一条长度为 700 的铅垂线；执行"偏移"命令，水平线向下偏移 3000，铅垂线向右偏移 200；执行"偏移"命令，再将两条水平线向下偏移，两条铅垂线向右偏移；执行"圆角"命令，圆角半径为 0，分别点击同组水平线与铅垂线，重复命令，使各组线条密合；执行"直线"、"偏移"命令，将花架顶部横柱两端密合；执行"矩形"命令，绘制花架隔片；执行"阵列"命令，阵列花架隔片，如图 19-4 所示。执行"修剪"命令，修剪转角处花架隔片，修剪前后效果如图 19-5 所示。同上做法，画垂直方向上花架顶部隔片，完成花架绘制。

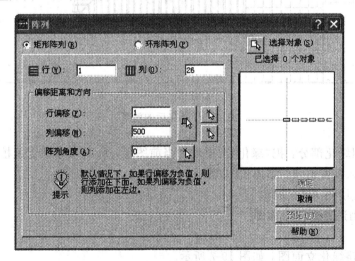

图 19-4　设置阵列参数

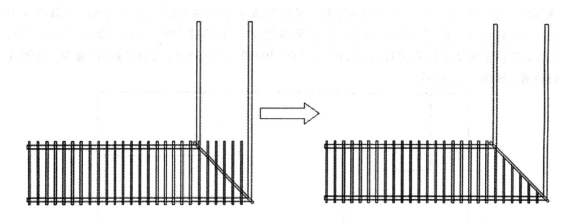

图 19-5　修剪前后的效果

Step 5. 绘制铺装、草坪部分：把"填充"图层设为当前图层，执行"填充"命令，选择合适填充图案和填充比例，如图 19-6 所示。

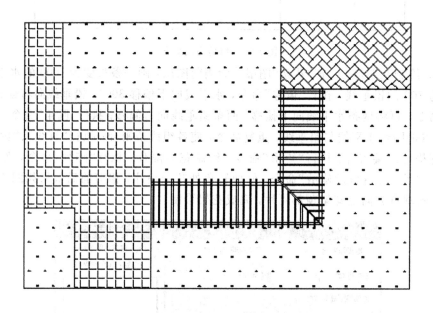

图 19-6　填充后的效果

Step 6. 绘制绿化部分：把"绿化"图层设为当前图层，从图库选择合适植物图块，选择合适位置和比例插入植物图块，如图 19-1 所示。

Step 7. 完成绘制，保存图形。

实例 2　绘制道路绿化立面图

【题目】

绘制一张道路绿化立面图，如图 19-7 所示。

图 19-7 道路绿化立面图

【操作步骤】

Step 1. 设置绘图环境：设置图形界限和绘图单位，并规划以下图层：地平线、绿篱、乔灌木、人物，如图 19-8 所示。

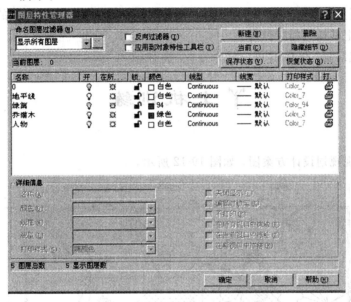

图 19-8 设置图层

Step 2. 绘制地平线：把"地平线"图层设为当前图层，执行"直线"命令，画一条长度为 45000 的水平线。绘制绿篱部分，把"绿篱"图层设为当前图层，从图库调入一段长为 10000 的绿篱，如图 19-9 所示。

图 19-9 绘制地平线和绿篱

Step 3. 绘制乔灌木部分：把"乔灌木"图层设为当前图层，从图库分别调入乔灌木置于相应位置，如图 19-10 所示。

图 19-10 绘制乔灌木

注：乔木或灌木被绿篱挡住的部分如要裁掉可先用"分解"命令将整个植物图例分解，然后再用"修剪"命令把被挡住的部分修剪掉，剩余部分重新创建块，最后再移至相应位置。

执行"复制"命令，选中所有的绿化在右方位移 22000 处复制一份，如图 19-11 所示。

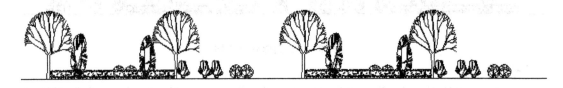

图 19-11　复制乔灌木

Step 4. 绘制人物部分：把"人物"图层设为当前图层，从图库选择合适的人物图块，选择合适位置和比例把其插入相应位置。

Step 5. 完成绘制，保存图形。

上机训练

【题目】

绘制一张景观规划设计方案图，如图 19-12 所示。

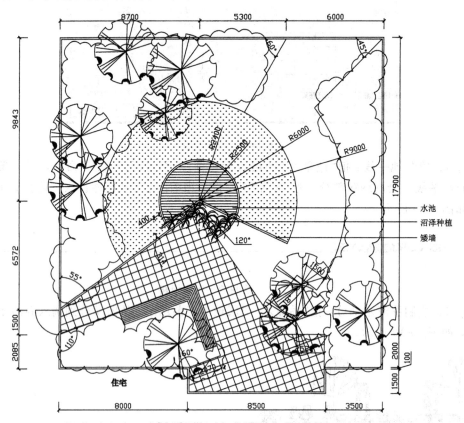

图 19-12　景观规划设计方案图

第 20 章　家具三维实体造型

相关知识

20.1　AutoCAD 与家具设计

在家具设计中往往需要将外观设计用手绘或计算机表达出来，AutoCAD 不仅可以绘制家具生产制作的详图，还可以通过一定的方法在二维图形的基础上将三维模型表达出来。AutoCAD 绘制三维图形的方法有多种，同一个三维图形也可用不同的方法绘制。本章将介绍用 3D 绘图命令及编辑命令绘制家具三维实体造型实例。

20.2　AutoCAD 三维建模的基础

首先需要学习以下相关知识：了解和使用 UCS（用户坐标系），观察三维对象、创建多视口，用实体命令绘制基本实体，用拉伸的方法绘制实体，用旋转的方法绘制回转实体，用布尔运算绘制复杂实体，三维实体的修改编辑。

教学实例

实例 1　制作单人沙发

【题目】

根据沙发的立面图，绘制单人沙发的三维模型，如图 20-1 所示。

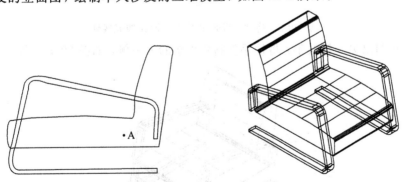

图 20-1　根据立面图绘制三维模型

【解题分析】

根据已有的二维图形创建三维模型的常用方法是"拉伸"。由于"拉伸"命令只能对面域或多段线进行，故本题关键在于对已绘制的二维图形作边界分析，将模型各子部分的断面图转换为多段线，然后使用"拉伸"命令生成三维实体，并利用"复制"、"镜像"等命令生成其他相关部分。

【操作步骤】

Step 1. 将沙发坐垫的断面图创建为面域：用"绘图"→"边界"命令，选择边界类型为"多段线"，单击沙发坐垫立面图内一点 A，将边界转化成多段线，如图 20-2 所示。

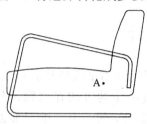

图 20-2　将沙发坐垫的断面图创建为面域

Step 2. 将沙发断面和扶手断面拉伸成实体：用"extrude"命令（或工具栏"实体"→），将坐垫边界拉伸形成沙发座椅，切换到西南等轴测视图，同样对扶手进行拉伸，结果如图 20-3 所示。

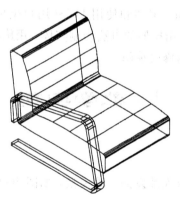

图 20-3　将沙发断面和扶手断面拉伸成实体

Step 3. 复制出另一侧扶手：将扶手复制到坐垫的另一侧，如图 20-4 所示。

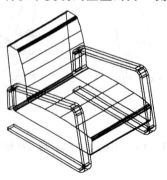

图 20-4　复制出另一侧扶手

实例 2　制作餐桌

【题目】

根据二维图形完成餐桌的三维模型绘制，如图 20-5 所示。

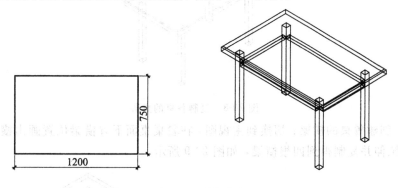

图 20-5　制作餐桌

【操作步骤】

Step 1. 创建餐桌的桌面：用"绘图"→"矩形"命令，绘制一个 1200×730 的矩形，切换到西南等轴测视图，再用命令"extrude"拉伸桌面厚度为 50，然后用命令 chamfer 对基面倒角，倒角距离为 18，如图 20-6 所示。

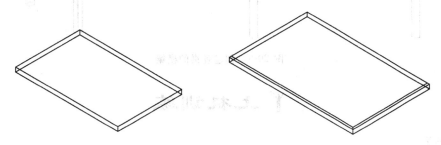

图 20-6　创建餐桌的桌面

Step 2. 创建餐桌的桌脚：切换到俯视图，用"绘图"→"矩形"命令，输入角点@50,50 得到桌脚的矩形，再用命令"extrude"拉伸桌脚高度为 - 670，得到一个桌脚，如图 20-7 所示。

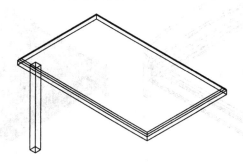

图 20-7　创建餐桌的桌脚

Step 3. 复制餐桌的桌脚：将制餐桌的桌脚进行镜像得到其余三条桌脚，如图 20-8 所示。

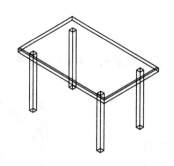

图 20-8　复制餐桌的桌脚

Step 4. 创建餐桌的横梁：切换到主视图，在餐桌桌面下方横梁位置画出横梁断面，将横梁断面进行拉伸并复制得到四根横梁，如图 20-9 所示。

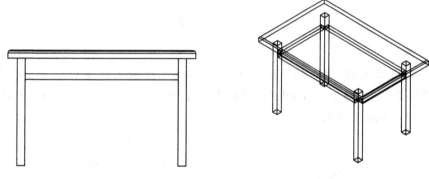

图 20-9　创建餐桌的横梁

上机训练

【题目】

创建一个床的三维模型，其三维线框图和渲染图如图 20-10、图 20-11 所示，尺寸自定。

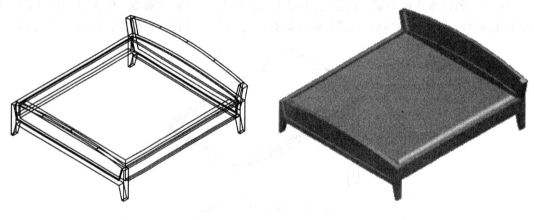

图 20-10　床的三维线框图　　　　　　图 20-10　床的渲染图

附录　常见的快捷命令

一、字母类

类别	快捷命令	命令全称	说明
	ADC	* ADCENTER	设计中心"Ctrl+2"
	CH	MO * PROPERTIES	修改特性"Ctrl+1"
	MA	* MATCHPROP	属性匹配
	ST	* STYLE	文字样式
	COL	* COLOR	设置颜色
	LA	* LAYER	图层操作
	LT	* LINETYPE	线形
	LTS	* LTSCALE	线形比例
	LW	* LWEIGHT	线宽
	UN	* UNITS	图形单位
	ATT	* ATTDEF	属性定义
	ATE	* ATTEDIT	编辑属性
	BO	* BOUNDARY	边界创建，包括创建闭合多段线和面域
	AL	* ALIGN	对齐
对象特性	EXIT	* QUIT	退出
	EXP	* EXPORT	输出其他格式文件
	IMP	* IMPORT	输入文件
	OP	PR * OPTIONS	自定义 CAD 设置
	PRINT	* PLOT	打印
	PU	* PURGE	清除垃圾
	R	* REDRAW	重新生成
	REN	* RENAME	重命名
	SN	* SNAP	捕捉栅格
	DS	* DSETTINGS	设置极轴追踪
	OS	* OSNAP	设置捕捉模式
	PRE	* PREVIEW	打印预览
	TO	* TOOLBAR	工具栏
	V	* VIEW	命名视图
	AA	* AREA	面积
	DI	* DIST	距离
	LI	* LIST	显示图形数据信息

（续）

类别	快捷命令	命令全称	说明
绘图命令	PO	＊POINT	点
	L	＊LINE	直线
	XL	＊XLINE	射线
	PL	＊PLINE	多段线
	ML	＊MLINE	多线
	SPL	＊SPLINE	样条曲线
	POL	＊POLYGON	正多边形
	REC	＊RECTANGLE	矩形
	C	＊CIRCLE	圆
	A	＊ARC	圆弧
	DO	＊DONUT	圆环
	EL	＊ELLIPSE	椭圆
	REG	＊REGION	面域
	MT	＊MTEXT	多行文本
	T	＊MTEXT	多行文本
	B	＊BLOCK	块定义
	I	＊INSERT	插入块
	W	＊WBLOCK	定义块文件
	DIV	＊DIVIDE	等分
	H	＊BHATCH	填充
修改命令	CO	＊COPY	复制
	MI	＊MIRROR	镜像
	AR	＊ARRAY	阵列
	O	＊OFFSET	偏移
	RO	＊ROTATE	旋转
	M	＊MOVE	移动
	E	＊ERASE	删除 DEL 键
	X	＊EXPLODE	分解
	TR	＊TRIM	修剪
	EX	＊EXTEND	延伸
	S	＊STRETCH	拉伸
	LEN	＊LENGTHEN	直线拉长
	SC	＊SCALE	比例缩放
	BR	＊BREAK	打断
	CHA	＊CHAMFER	倒角
	F	＊FILLET	倒圆角
	PE	＊PEDIT	多段线编辑
	ED	＊DDEDIT	修改文本
视窗缩放	P	＊PAN	平移
	Z＋空格＋空格	＊ZOOM	实时缩放
	Z	＊ZOOM	局部放大
	Z＋P	＊ZOOM	＊返回上一视图
	Z＋E	＊ZOOM	＊显示全图

（续）

类别	快捷命令	命令全称	说明
尺寸标注	DLI	* DIMLINEAR	直线标注
	DAL	* DIMALIGNED	对齐标注
	DRA	* DIMRADIUS	半径标注
	DDI	* DIMDIAMETER	直径标注
	DAN	* DIMANGULAR	角度标注
	DCE	* DIMCENTER	中心标注
	DOR	* DIMORDINATE	点标注
	TOL	* TOLERANCE	标注形位公差
	LE	* QLEADER	快速引出标注
	DBA	* DIMBASELINE	基线标注
	DCO	* DIMCONTINUE	连续标注
	D	* DIMSTYLE	标注样式
	DED	* DIMEDIT	编辑标注
	DOV	* DIMOVERRIDE	替换标注系统变量

二、常用 CTRL 快捷键

快捷键	命令全称	说明
"CTRL"＋1	* PROPERTIES	修改特性
"CTRL"＋2	* ADCENTER	设计中心
"CTRL"＋O	* OPEN	打开文件
"CTRL"＋N、M	* NEW	新建文件
"CTRL"＋P	* PRINT	打印文件
"CTRL"＋S	* SAVE	保存文件
"CTRL"＋Z	* UNDO	放弃
"CTRL"＋X	* CUTCLIP	剪切
"CTRL"＋C	* COPYCLIP	复制
"CTRL"＋V	* PASTECLIP	粘贴
"CTRL"＋B	* SNAP	栅格捕捉
"CTRL"＋F	* OSNAP	对象捕捉
"CTRL"＋G	* GRID	栅格
"CTRL"＋L	* ORTHO	正交
"CTRL"＋W	*	对象追踪
"CTRL"＋U	*	极轴

三、常用功能键

快捷键	命令全称	说明
"F1" *	HELP	帮助
"F2" *		文本窗口
"F3" *	OSNAP	对象捕捉
"F7" *	GRIP	栅格
"F8" *	ORTHO	正交

教 师 信 息 反 馈 表

尊敬的老师:

您好! 首先感谢您选用机械工业出版社的教材。机械工业出版社成立于1952年,是国家级优秀出版社,是教育部指定的教材出版基地。机械工业出版社从1999年开始出版高职教材,目前高职教材品种有近1500种,覆盖机、电、车、土建、经管、基础课等众多领域,机工版高职教材以质量优、品种全而得到众多职业院校的认可。在"十一五"国家级规划教材评选中,机械工业出版社有近400种高职教材入选,位居全国第二。为了更好地为教学服务,我社正在大规模进行教材的配套建设工作,多数教材均可免费为您提供配套的助教盘(包括电子教案、课后习题解答、素材库等内容)。如果您需要本书的助教盘,请填写以下表格并回寄给我们,我们将在收到表格后及时与您联系。我们愿以最真诚的服务回报您对机械工业出版社的关心和支持。

书名			书号		版次	
使用本书的学生人数————人/年 ————年级					学时数————	
您对本书的意见和建议						
您的个人情况						
姓名		性别	□男□女(划√)	年龄	职务 职称	
所在学校				系名(分院名)		
联系地址(邮编)						
联系电话			E-mail			
您教授的其他课程的情况						

课程名称	学生人数	使用教材名称	出版社	教材满意度(划√)
				□满意 □一般 □不满意
				□满意 □一般 □不满意

如果您有意向主编或参编教材,请您将信息填入右侧表格	拟编写教材名称	适用专业	是否已有内部讲义	年用书量

系主任签字	盖章

注:本表可复印,寄至北京百万庄大街22号机械工业出版社高职分社收(100037);亦可发至电子邮箱:sbs@mail.machineinfo.gov.cn,也可发传真至010-68998916。登录机械工业出版社教材服务网www.cmpedu.com可下载表格电子版。**联系电话:**010-88379050,010-68354423。